高等职业院校"双高计划"建设教材
"十四五"高等职业教育计算机应用技术系列教材

JavaScript 编程技术项目式教程

（微课版）

刘丽涛　田学志　孙冠男◎主　编
宋春晖　鄢长卿　潘　艺　吴秀莹◎副主编

中国铁道出版社有限公司
CHINA RAILWAY PUBLISHING HOUSE CO., LTD.

内 容 简 介

本书是高等职业院校"双高计划"建设教材,"十四五"高等职业教育计算机应用技术系列教材之一,采用项目驱动教学方式,以实际网站中主要的网页特效为载体,强化 Web 前端工程师所需掌握的技能,提升动手能力。本书共九个项目,分别为输出学生信息、计算体脂率、简易自动取款机模拟系统、计算器的实现、内置对象特效开发、BOM 特效开发、DOM 特效开发、应用事件开发特效、旅游通项目实战。每个项目遵循学习目标、项目描述、项目分析、项目实施、项目总结、问题探索、拓展训练的结构进行设计,以助力学生循序渐进地掌握实际应用技术,培养解决实际问题的能力。

本书适合作为高等职业院校计算机相关专业教材,也可作为 JavaScript 爱好者及相关技术人员的参考书。

图书在版编目(CIP)数据

JavaScript 编程技术项目式教程:微课版 / 刘丽涛,田学志,孙冠男主编 .—北京:中国铁道出版社有限公司,2024.1
高等职业院校"双高计划"建设教材 "十四五"高等职业教育计算机应用技术系列教材
ISBN 978-7-113-30883-4

Ⅰ.①J… Ⅱ.①刘… ②田… ③孙… Ⅲ.① JAVA 语言 - 程序设计 - 高等职业教育 - 教材 Ⅳ.① TP312.8

中国国家版本馆 CIP 数据核字 (2023) 第 250558 号

书 名:	**JavaScript 编程技术项目式教程(微课版)**
作 者:	刘丽涛 田学志 孙冠男

策划编辑:	潘星泉	编辑部电话:(010)51873090	
责任编辑:	潘星泉 徐盼欣		
封面设计:	郑春鹏		
责任校对:	安海燕		
责任印制:	樊启鹏		

出版发行:	中国铁道出版社有限公司(100054,北京市西城区右安门西街 8 号)
网 址:	http://www.tdpress.com/51eds/
印 刷:	三河市国英印务有限公司
版 次:	2024 年 1 月第 1 版 2024 年 1 月第 1 次印刷
开 本:	787 mm×1 092 mm 1/16 印张:13.25 字数:323 千
书 号:	ISBN 978-7-113-30883-4
定 价:	42.00 元

版权所有 侵权必究

凡购买铁道版图书,如有印制质量问题,请与本社教材图书营销部联系调换。电话:(010)63550836
打击盗版举报电话:(010)63549461

前 言

党的二十大报告强调:"教育、科技、人才是全面建设社会主义现代化国家的基础性、战略性支撑。"这一重要论断,深刻揭示了新时代实施科教兴国战略、强化现代化建设人才支撑的地位作用,对于全面建设社会主义现代化国家、全面推进中华民族伟大复兴,具有重大现实意义和深远历史意义。

随着网络技术的发展,Web 应用越来越广泛。JavaScript 是一种脚本语言,从诞生至今广泛应用于 Web 开发,可以对用户操作进行响应,实现实时的、动态的、可交互性的功能,为用户提供流畅美观的浏览效果。近几年,互联网行业对用户体验的要求越来越高,前端开发技术越来越受到重视,JavaScript 作为 Web 前端开发领域中一门重要的语言,使用范围也越来越广。快速、全面、系统地掌握它的应用,成为 Web 开发人员的迫切需求。

本书是高职院校软件工程专业核心课程教材,采用项目驱动教学方式,将知识点融入工作任务,同时在项目中融入了课程思政元素,鼓励学生树立正确的世界观、人生观、价值观。本书按学习目标、项目描述、项目分析、项目实施、项目总结的流程,让学生由浅入深、循序渐进地掌握 JavaScript 开发技术,巩固并灵活运用基础知识,并能在此过程中逐步了解网站特效开发的思路和流程,每个项目设置问题探索和拓展训练,涵盖了项目主要知识点及相关技巧并适当延伸,引导学生进行深入探索,培养学生的自学能力和应用能力。

本书特色:

(1)自然融入思政元素。内容选取上达到既培养学生技能,也提高学生素养的目标。每个项目设置"春风化雨"栏目,在培养学生软件开发综合能力的同时,引导学生树立正确的价值观。

(2)校企合作双元开发。精选企业真实案例,和企业工程师共同开发教材,以项目驱动的方式开展教学,提高学生的学习热情。

(3)本书配套教学资源丰富,包括教学课件(PPT)、源代码、微课视频、教案、授课计划、课程标准等教学资源,方便教师和学生使用。读者可以通过扫描书中的二维码观看相应的微课。

本书编者既有教学经验丰富的一线教师，又有企业工程师。本书由刘丽涛、田学志、孙冠男任主编，由宋春晖、鄢长卿、潘艺、吴秀莹任副主编。其中，项目一由孙冠男编写；项目二、项目五由田学志编写；项目三由潘艺、吴秀莹编写；项目四由鄢长卿编写；项目六由宋春晖编写；项目七、项目八由刘丽涛编写；项目九由田学志、王刃峰和哈尔滨卓象科技有限公司技术总监王天巍编写。

由于编者水平和经验有限，书中不足和疏漏之处在所难免，恳请各位专家和读者批评指正并提出宝贵意见和建议。

编　者

2023 年 5 月

目　　录

项目一　输出学生信息 1
　　任务 1　搭建开发环境 2
　　任务 2　第一个 JavaScript 程序 6

项目二　计算体脂率 14
　　任务 1　输出网页版权信息 15
　　任务 2　判断平闰年 22

项目三　简易自动取款机模拟系统 38
　　任务 1　学生成绩等级划分 39
　　任务 2　计算 1~100 的累加和 45

项目四　计算器的实现 53
　　任务 1　控制文字变化 55
　　任务 2　检查参数是否是非数字值 59

项目五　内置对象特效开发 65
　　任务 1　电子邮箱格式的简单验证 66
　　任务 2　随机数的产生 74
　　任务 3　根据不同时间段显示问候语 78
　　任务 4　轮播图特效的制作 84

项目六　BOM 特效开发 99
　　任务 1　弹出广告窗口 101
　　任务 2　页面定时跳转 105
　　任务 3　浏览历史记录跳转 108
　　任务 4　获取浏览器相关信息 112
　　任务 5　获取浏览器显示屏幕的相关信息 113

项目七　DOM 特效开发 118
　　任务 1　绘制 DOM 节点树 119
　　任务 2　改变导航菜单样式 122
　　任务 3　动态添加表格 135

项目八　应用事件开发特效 148
任务 1　初识事件 149
任务 2　跟随鼠标移动特效 154
任务 3　快递单号查询 159
任务 4　制作登录框特效 165
任务 5　制作随鼠标滚动的广告图片 170

项目九　旅游通项目实战 178
任务 1　规划网站的目录结构 180
任务 2　构建页面结构及设计样式 181

参考文献 206

项目一　输出学生信息

【春风化雨】

工匠精神与前端开发工程师岗位要求

何谓工匠？

在中国传统文化语境中，工匠是对所有手工艺人，如木匠、铁匠、铜匠等的称呼。荀子说："人积耨耕而为农夫，积斫削而为工匠。"长期从事农业生产的人为农夫，长期使用斧头等工具的人为工匠。自古以来，任何一名工匠，都是以其毕生精力献身于他所在的工艺领域的。

工匠精神有着十分丰富的内涵：工匠精神首先就是热爱劳动、专注劳动、以劳动为荣的精神。工匠精神是一丝不苟、精益求精的精神。注重细节、追求完美是工匠精神的关键。

我国作为制造业大国，弘扬工匠精神、培育大国工匠是提升我国制造业品质与水平的重要环节。

前端开发工程师岗位有以下要求：

（1）精通 HTML5、CSS 等语言，熟悉 DOM 模型。
（2）熟练运用网页编辑、调试工具，具有跨浏览器设计开发经验。
（3）精通 JavaScript 脚本语言，熟练使用 jQuery 以及 Bootstrap、Vue 等前端框架。
（4）有良好的学习能力，良好的团队意识。
（5）具有一定文档编辑能力及逻辑思维能力。

这些硬技能并非一蹴而就，非一日之功，正是"道技合一，追求卓越"的工匠精神在前端开发工程师岗位中的体现。

【学习目标】

（1）了解 JavaScript 的特点及组成。
（2）熟悉 JavaScript 的用途和发展状况。
（3）掌握 HBuilder 开发工具的基本使用方法。
（4）掌握 JavaScript 的基本使用方法。
（5）培养工匠精神。

【项目描述】

引导学生初步认识 JavaScript 是 Web 的编程语言。通过设置开发环境、建立文件、熟悉页面结构、编写代码等步骤了解 JavaScript 的特点和作用，掌握在 HTML 文档中嵌入 JavaScript 的方法，同时了解 JavaScript 程序是由浏览器负责解释执行的，为静态页面添加动态效果，实现学生信息的输出，页面效果如图 1-1 所示。

图 1-1　学生个人信息页面

视　频

JavaScript
概述

【项目分析】

完成本项目的技术要点：
（1）Web 开发工具的选择。
（2）在 HTML 文档中嵌入 JavaScript 的方法。
（3）JavaScript 如何嵌入 HTML 标签。
（4）使用浏览器测试页面效果。

任务 1　搭建开发环境

一、任务描述

使用 JavaScript 可以实现动态交互效果，它是一种可以嵌入 HTML 页面中的脚本语言，目前已成为最受欢迎的开发语言之一。因为 JavaScript 代码是运行在浏览器端的，而每台计算机都会自带浏览器，因此运行 JavaScript 代码不需要再安装任何其他工具。书写 JavaScript 代码，可以使用常用的代码开发工具，本书使用的是 Hbuilder X。

二、JavaScript 概述

JavaScript（简称 JS）是一种具有函数优先的轻量级、解释型或即时编译型的编程语言。虽然它是作为开发 Web 页面的脚本语言而出名，但是它也被用到了很多非浏览器环境中。JavaScript 基于原型编程、多范式的动态脚本语言，并且支持面向对象、命令式、声明式、函数式编程范式。

1. JavaScript产生的背景

JavaScript 最初由 Netscape 的 Brendan Eich 设计，最初将其脚本语言命名为 LiveScript，

后来 Netscape 在与 Sun 合作之后将其改名为 JavaScript。JavaScript 的语法与 Java 有类似之处，一些名称和命名规范也借自 Java，但 JavaScript 的主要设计原则源自 Self 和 Scheme。

JavaScript 的标准是 ECMAScript。截至 2012 年，所有浏览器都完整地支持 ECMAScript 5.1，旧版本的浏览器至少支持 ECMAScript 3 标准。2015 年 6 月 17 日，ECMA 国际组织发布了 ECMAScript 的第六版，该版本正式名称为 ECMAScript 2015，通常也被称为 ECMAScript 6 或者 ES2015。

2. JavaScript的主要功能

（1）嵌入动态文本于 HTML 页面。
（2）对浏览器事件做出响应。
（3）读写 HTML 元素。
（4）在数据被提交到服务器之前验证数据。
（5）检测访客的浏览器信息。控制 cookies，包括创建和修改等。
（6）基于 Node.js 技术进行服务器端编程。

3. JavaScript的组成

JavaScript 由 ECMAScript、DOM、BOM 三部分组成。
（1）ECMAScript 描述了该语言的语法和基本对象。
（2）DOM（文档对象模型）描述处理网页内容的方法和接口。
（3）BOM（浏览器对象模型）描述与浏览器进行交互的方法和接口。

4. JavaScript语言的特点

（1）解释型脚本语言。
（2）基于对象。
（3）数据安全性。
（4）跨平台性。
（5）动态性。

三、JavaScript 常用的开发工具

"工欲善其事，必先利其器。"编写与调试 JavaScript 脚本程序的工具有很多，一款得心应手的开发工具能够极大地提高程序的开发效率。常用的开发工具 HBuilder X、Sublime Text、Adobe Dreamweaver、Visual Studio Code 和 WebStorm 等。

1. HBuilder X

HBuilder X 是 DCloud 推出的一款支持 HTML5 的 Web 开发 IDE。快是 HBuilder X 的最大优势，通过完整的语法提示和代码输入法、代码块及很多配套，HBuilder X 能大幅提升 HTML、JS、CSS 的开发效率。

2. Sublime Text

Sublime Text 是一个文本编辑器，也是一个先进的代码编辑器。Sublime Text 由程序员 Jon Skinner 于 2008 年 1 月开发出来，它最初被设计为一个具有丰富扩展功能的 Vim。

3. Adobe Dreamweaver

Adobe Dreamweaver，简称 DW，是集网页制作和管理网站于一身的所见即所得网页代码编辑器。它是利用支持 HTML、CSS、JavaScript 等内容的 Web 设计软件，几乎随处都能快速制作并发布网页。

4. Visual Studio Code

Microsoft 在 2015 年 4 月 30 日 Build 开发者大会上正式宣布了 Visual Studio Code 项目：一个运行于 Mac OS X、Windows 和 Linux 之上的，针对编写现代 Web 和云应用的跨平台源代码编辑器。

5. WebStorm

WebStorm 是 JetBrains 公司旗下一款 JavaScript 开发工具，其与 IntelliJ IDEA 同源，继承了 IntelliJ IDEA 强大的 JS 部分的功能。

四、任务实现

1. HBuilder X下载及安装

首先进入 HBuilder X 官网，如图 1-2 所示，选择所需版本进行下载，然后解压下载的安装包，双击 HbuilderX.exe 即可进行安装。

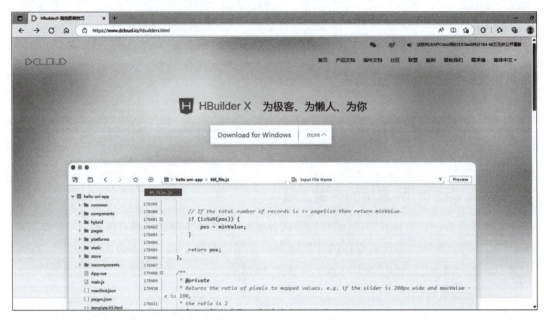

图 1-2　Hbuilder X 官网

2. 新建项目

打开 HBuilder X，单击软件顶部的"文件"选项，在弹出的菜单中单击"新建"，选择"新建项目"，在"普通项目"中选择"基本 HTML 项目"，输入项目名称 firstDemo，单击"创建"按钮，完成项目的创建，如图 1-3 所示。

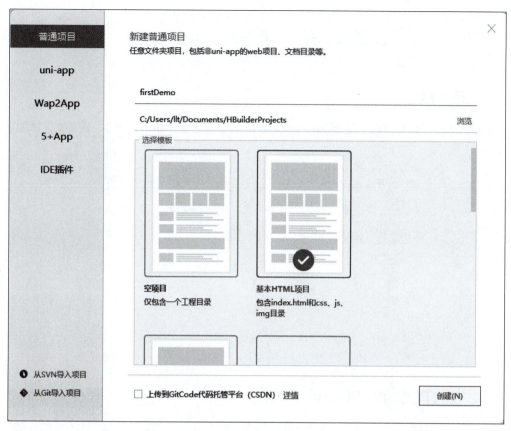

图 1-3 创建项目

3. 文件运行

在项目中双击 index.html 就可以打开网页，输入代码完成后将文件进行保存，可以使用【Ctrl+S】组合键保存文件，或单击工具栏的"保存"按钮也可保存文件。保存完成后单击工具栏上的浏览器运行按钮，选择 Chrome 运行；或单击 HBuilder X 菜单栏中的"运行"选项，单击"运行到浏览器"选项，选择要运行的浏览器，本书使用的是 Chrome 浏览器，如图 1-4 所示。

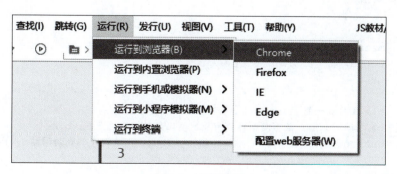

图 1-4 文件运行

任务 2　第一个 JavaScript 程序

一、任务描述

使用浏览器打开页面时，使用 JavaScript 输出"千里之行，始于足下"。页面效果如图 1-5 所示。

图 1-5　输出"千里之行，始于足下"效果

二、在 HTML 中使用 JavaScript

在 HTML 中编写 JavaScript 有三种常用的方式。分别是行内式、嵌入式和外链式，下面分别进行详细讲解。

1. 行内式

行内式（基于事件的调用）是指将 JavaScript 脚本代码写在事件的属性中，或者在函数中直接调用。

[例 1-1]将 JavaScript 脚本代码写在事件的属性中。

代码如下：

```
<!DOCTYPE html>
<html>
    <head>
        <meta charset="utf-8">
        <title>第一个 JavaScript 程序 </title>
    </head>
    <body>
        <h1>我的第一个 JavaScript</h1>
        <p>JavaScript 能够对事件作出反应。比如对按钮的点击:</p>
        <button type="button" onclick="alert('欢迎光临我的网站！!')">点我！</button>
    </body>
</html>
```

[例 1-2]将 JavaScript 脚本代码写在函数中调用。

代码如下：

```html
<!DOCTYPE html>
<html>
    <head>
        <meta charset="utf-8">
        <title>第一个 JavaScript 程序</title>
        <script>
            function my_function(){
                alert('欢迎光临我的网站!');
            }
        </script>
    </head>
    <body>
        <h1>我的第一个 JavaScript</h1>
        <p>JavaScript 能够对事件作出反应。比如对按钮的点击:</p>
        <button type="button" onclick="my_function()">点我!</button>
    </body>
</html>
```

通过浏览器测试两个页面运行结果一样,如图 1-6 所示。

图 1-6　行内式运行结果

注意事项:

(1)注意单引号和双引号的使用,HTML 推荐使用双引号,JavaScript 推荐使用单引号。

(2)行内式可读性较差。

(3)临时测试或少量代码推荐行内式。

2. 嵌入式

嵌入式是指使用 <script> 和 </script> 首尾标签包裹 JavaScript 代码,<script> 和 </script> 标签可放在 HTML 文档中任何需要的位置。

[例 1-3] 将 <script> 和 </script> 标签放在 <head></head> 中。

代码如下:

```html
<!DOCTYPE html>
<html>
    <head>
        <meta charset="utf-8">
        <title>第一个 JavaScript 程序</title>
        <script>
```

```
            document.write(' 嵌入式位置测试 ');
        </script>
    </head>
    <body>
    </body>
</html>
```

[例 1-4] 将 <script> 和 </script> 标签放在 <body></body> 中。

代码如下：

```
<!DOCTYPE html>
<html>
    <head>
        <meta charset="utf-8">
        <title> 第一个 JavaScript 程序 </title>
    </head>
    <body>
        <script>
            document.write(' 嵌入式位置测试 ');
        </script>
    </body>
</html>
```

[例 1-5] 将 <script> 和 </script> 标签放在 <html></html> 中。

代码如下：

```
<!DOCTYPE html>
<html>
    <head>
        <meta charset="utf-8">
        <title> 第一个 JavaScript 程序 </title>
    </head>
    <body>
    </body>
    <script>
        document.write(' 嵌入式位置测试 ');
    </script>
</html>
```

通过浏览器测试三个页面运行结果一样，如图 1-7 所示。

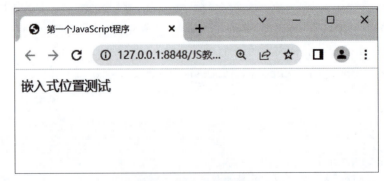

图 1-7　嵌入式运行结果

注意事项：如果 JavaScript 代码用于完成所需的后台任务，建议把 JavaScript 代码放置于 <head> 首尾标签中；如果 JavaScript 代码用于显示内容，建议把 JavaScript 代码置于 <body> 首尾标签中。

3. 外链式

外链式是指把 JavaScript 脚本保存到外部文件中，外部 JavaScript 文件的文件扩展名是 .js，外部文件通常包含被多个网页使用的代码。如需使用外部文件，在 <script> 标签的 src 属性中设置该文件。

[例 1-6] 外链式引用 JavaScript，需要至少两个文件：一个页面文件，一个特效文件。

（1）创建页面文件 index.html。

```
<!DOCTYPE html>
<html>
<head>
    <meta charset="utf-8">
    <title>外链式</title>
</head>
<body>
<!-- 需要单独编辑引用的外部 myScript.js 文件 -->
    <script src="myScript.js"></script>
</body>
</html>
```

（2）创建文件 myScript.js。

```
alert('测试外部链接文件');
```

程序运行结果如图 1-8 所示。

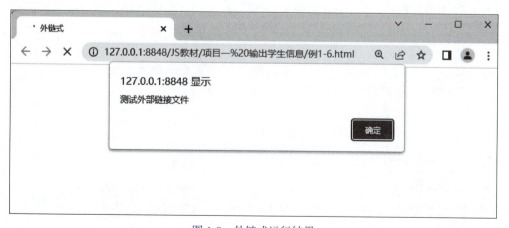

图 1-8　外链式运行结果

注意事项：

在 HTML 页面中还可以使用伪协议引入 JavaScript，伪 URL 地址的一般格式：

```
JavaScript: JavaScript脚本代码
```

例如：

```
<html >
```

```
<head>
<title>伪 URL 地址引入</title>
</head>
<body>
<a href=javascript:alert(鼠标单击')">伪协议引用</a>
</body>
</html>
```

扩充： 为了降低 JavaScript 的阻塞问题对页面造成影响，可以使用 HMTL5 为 <script> 标签增加的两个属性实现异步加载。

```
// 方式一：async
<script src="file.js"async></script>
// 方式二：defer
<script src="file.js"defer></script>
```

async 用于异步加载，即先下载文件，不阻塞其他代码执行，下载完成后再执行。defer 用于延后执行，即先下载文件，直到网页加载完成后再执行。即使 file.js 无法连接，也不影响后面的 JavaScript 代码执行。

三、基础语法

1. 语句

计算机程序是由计算机"执行"的一系列"指令"。在编程语言中，这些编程指令称为语句。JavaScript 程序就是一系列编程语句。在 HTML 中，JavaScript 程序由 Web 浏览器执行。

JavaScript 语句由值、运算符、表达式、关键词和注释构成。

JavaScript 语句示例：

```
if(document.form1.province.value=="" || document.form1.sf.value=="== 选择所属省份 ==")
{
    alert("请选择省份！");
    document.form1.province.focus();    // 表单 name 为 province 获得焦点
    return(false);
}
```

这些语句会按照它们被编写的顺序逐一执行。

2. 语句的编写规则

1）区分大小写

JavaScript 对大小写敏感，如 var computer=1 和 var Computer=2 代表两个不同的变量。

2）分号

每条可执行的语句之后添加分号，分号是可选的，建议初学者每行代码写完加上分号增加程序的可读性。

3）空格、换行符和制表符

JavaScript 忽略多余的空格、换行符和制表符。可以使用其帮助代码排版。

Javascript 空格示例：

```
var person = "小王";// 等号前后有空格
```

```
var person=" 小王 ";
```
在运算符旁边（=、+、-、*、/）添加空格是个好习惯：
```
var z = x+y;//等号前后有空格
```
为了达到最佳的可读性，程序员们常常喜欢把代码行控制在 80 个字符以内。

4）注释

注释的作用有两个：一是程序中的说明信息，帮助理解代码；二是调试程序时使用注释阻止代码执行。

注释的方法：

（1）单行注释：
```
//注释内容
```

（2）多行注释：
```
/*多行注释内容*/
```

[例 1-7] JavaScript 代码的注释。

代码如下：

```
<!DOCTYPE html>
<html>
    <head>
        <script>
            /*
              在 JavaScript 脚本中使用注释
              注意变量区分大小写
            */
            a=5                           // 变量赋值
            A=10                          // 变量赋值
            document.write(a);            // 将变量值输出到页面
            document.write("<br>");       // 在页面中输出一个换行标记，将两个变量值分开
            document.write(A);            // 将变量值输出到页面
        </script>
    </head>
    <body>
    </body>
</html>
```

四、任务实现

完成在页面中输出"千里之行，始于足下"。

具体操作步骤如下：

（1）启动代码编辑软件，新建页面。

（2）在页面中编写代码，参考代码如下：

```
<!DOCTYPE html>
<html>
    <head>
        <meta charset="utf-8">
```

```
            <title>第一个 JavaScript 程序 </title>
            <script>
                document.write(' 千里之行，始于足下 ');
            </script>
        </head>
        <body>
        </body>
</html>
```

（3）保存文件，注意文件路径。

（4）测试代码运行效果，查看显示结果。

【项目实施】

在页面使用 JavaScript 语言输出学生个人信息。

参考代码如下：

```
<!DOCTYPE html>
<html>
    <head>
        <meta charset="utf-8" />
        <title>个人信息 </title>
        <script>
            document.write('<h2>个人信息 </h2>');
            document.write(' 姓名：王野 <br> 专业：计算机网络 <br> 班级：210411<br> 性别：男 <br>');
        </script>
    </head>
    <body>
    </body>
</html>
```

【项目总结】

本项目通过使用 JavaScript 输出学生个人信息，主要介绍 JavaScript 的基础知识，包括 JavaScript 概述、编辑工具、引入方式和语法规则等内容，同时通过实现任务熟练掌握相关知识，增强实践能力。

【问题探索】

一、理论题

1. 简述 JavaScript 语言的特点。
2. 简述 JavaScript 的组成。
3. 如何在页面中引入 JavaScript？

二、实操题

1. 将项目中的 \<script>\</script> 标签中的代码放在 HTML 不同的位置并查看页面显示效果。
2. 使用嵌入式来实现网页弹出"hello world！"提示对话框。
3. 使用调用外部 JS 文件方式来实现网页弹出"hello world！"提示对话框。

【拓展训练】

使用 JavaScript 在页面上输出一首古诗：

勤 学

【宋】汪洙

学向勤中得，

萤窗万卷书。

三冬今足用，

谁笑腹空虚。

项目二　计算体脂率

【春风化雨】

倡导文明健康绿色环保生活方式

党的二十大报告提出:"深入开展健康中国行动和爱国卫生运动,倡导文明健康生活方式。"文明健康的生活方式是公民文明素养和社会文明程度的集中体现,也是实现人民美好生活向往的重要途径。要始终把人民群众生命安全和身体健康放在第一位,进一步贯彻落实习近平总书记关于倡导文明健康生活方式的重要指示。

体脂率是指人体内脂肪重量在人体总体重中所占的比例,又称体脂百分数,它反映人体内脂肪含量的多少。肥胖会提高罹患各种疾病的风险。普及健康生活方式是推动实施健康中国战略的必然要求。健康中国建设践行了我们党以人民为中心,为人民谋幸福、为民族谋复兴的初心使命。随着全民健康生活方式行动的深入,倡导减盐、减油、减糖、健康口腔、健康体重、健康骨骼的"三减三健"理念也已落地实施五年,我们要继续通过科普宣传倡导"每个人都是自己健康的第一责任人",进一步推动广大群众提高健康意识、掌握健康知识和技能,自觉纠正不良生活方式,合理膳食、科学运动、戒烟限酒、调适心理,使全社会养成和践行健康生活方式,乐享健康生活,共筑健康长城。

【学习目标】

(1)掌握输入/输出语句的使用。
(2)掌握 JavaScript 中变量的使用。
(3)掌握运算符的使用。
(4)掌握 JavaScript 的数据类型及类型转换方法。
(5)倡导文明健康绿色环保生活方式。

【项目描述】

通过开发计算体脂率的项目,引导学生掌握 JavaScript 输入/输出语句、变量的使用、JavaScript 数据类型的相关基础知识,同时掌握并能合理使用不同的运算符。

体脂率可通过 BMI 计算法计算得出。

BMI 计算法:BMI= 体重 ÷(身高 × 身高)。式中,体重的单位为 kg,身高的单位为 m。

计算体脂率效果如图 2-1 所示。

项目二　计算体脂率

（a）输入体重

（b）输入身高

（c）结果输出

图 2-1　计算体脂率

【项目分析】

完成本项目的技术要点：
（1）输入/输出语句的使用。
（2）变量的命名规范。
（3）变量的定义和赋值。
（4）数据类型的使用。
（5）数据类型的转换。

视　频

JavaScript
基本语法

任务 1　输出网页版权信息

一、任务描述

本任务要求学生使用 JavaScript 输出网页底部导航栏信息，通过本任务，使学生掌握输入输出语句、变量和常量的使用，这些知识点是实现计算体脂率项目的基本语法。页面效果如图 2-2 所示。

图 2-2　网页底部导航栏信息

二、输入和输出语句

JavaScript 不提供任何内建的打印或显示函数。为了方便信息的输入和输出，JavaScript 提供了输入/输出语句。常用的输入/输出语句见表 2-1。

表 2-1　常用的输入/输出语句

语　　句	说　　明
alert("msg")	浏览器弹出警告对话框
prompt("msg")	浏览器弹出输入框，用户可以输入内容
document.write("msg")	向文档写文本、HTML 表达式或 JavaScript 代码
console.log("msg")	浏览器控制台输出信息

1. 警告对话框alert()

alert() 方法的基本语法格式：

`alert"提示信息"`

alert() 方法会创建一个警告对话框，用于将浏览器或文档的警告信息传递给客户。参数可以是变量、字符串或表达式，警告对话框无返回值。

示例：

`alert("欢迎来到JavaScript世界")`

alert() 示例效果如图 2-3 所示。

图 2-3　alert() 示例效果

2. 提示对话框prompt()

prompt() 方法的基本语法格式：

`prompt("提示信息","输入框的默认信息");`

prompt() 方法会弹出一个提示对话框，用于收集客户关于特定问题的反馈信息，提示对话框具有返回值。

示例：

```
<script>
var sports=prompt("输入你最喜欢的运动:","打羽毛球");
alert("你最喜欢的运动是:"+sports);
</script>
```

运行效果如图 2-4 所示，单击"确定"按钮后，对话框如图 2-5 所示。

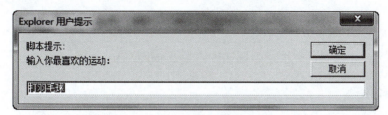

图 2-4　prompt() 提示对话框

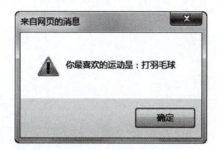

图 2-5　单击"确定"按钮效果

3. 输出语句document. write()

document.write() 方法的基本语法格式：

`document.write("输出内容");`

document.write() 方法可以向文档写文本、HTML 表达式或 JavaScript 代码。

[例 2-1] 输出语句 document.write() 的使用。

代码如下：

```
<!DOCTYPE html>
<html>
    <head>
        <meta charset="utf-8">
        <title>测试输出语句</title>
        <script type="text/javascript">
            document.write("hello,JavaScript");//输出内容
        </script>
    </head>
    <body>
    </body>
</html>
```

通过浏览器测试运行结果如图 2-6 所示。

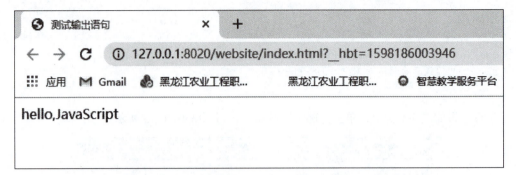

图 2-6　输出语句 document.write()

4. 控制台的使用

在开发工具中，可使用 console.log() 方法来显示数据。浏览器的控制台不仅可以临时测试部分程序的运行结果，如图 2-7（a）所示，还可以排查错误，如图 2-7（b）所示。

console.log() 方法示例：

```
var str="hello,JavaScript";
console.log(str);
```

控制台基本使用如图 2-7 所示。

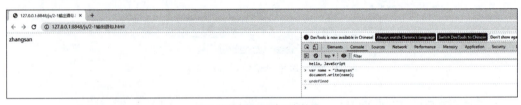

（a）控制台测试程序运行结果

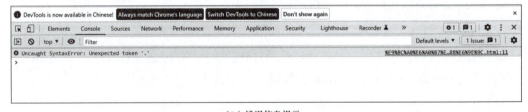

（b）错误信息提示

图 2-7　控制台的基本使用

（1）通过按【F12】键或者检查激活控制台，在菜单栏中选择 Console。

（2）在闪烁的光标后输入 JavaScript 代码，按【Enter】键执行。

（3）编辑代码时，可通过按【Shift+Enter】组合键实现代码中换行输入。

三、变量

1. 变量的作用

在编写 JavaScript 程序时，如何将输入的信息保存起来呢？JavaScript 的变量就是存储临时数据值的容器，也是程序在内存中申请的一块用来存放数据的空间。

示例：
```
var x=10;              // 声明变量 x 并赋值 10
var str="匠人匠心";     // 声明一个变量 str,并赋值 "匠人匠心"
var y;                 // 声明一个变量 y
```

2. 变量的命名规范

变量在命名时，需要遵守变量的命名规范，从而避免代码运行出错，增强代码的可读性，提高代码的运行效率。具体如下：

（1）由字母、数字、下划线和"$"组成，如 name、user_name。

（2）必须以字母开头，不能以数字开头，如 age18 正确，18age 错误。

（3）严格区分大小写，如 tom 和 Tom 代表两个变量。

（4）保留字和关键字不能用于变量命名，如 if、var 和 while 等。

（5）尽量做到"见其名知其意"，如 name 表示姓名，age 表示年龄。

（6）组合式变量名建议遵循驼峰式，如 userName、myAge。

JavaScript 关键字是指在 JavaScript 中有特定含义，成为 JavaScript 语法中一部分的那些字。JavaScript 关键字是不能作为变量名和函数名使用的。使用关键字作为变量名或函数名，会使 JavaScript 在载入过程中出现编译错误。JavaScript 常用关键字见表 2-2，Windows 保留关键字见表 2-3。

表 2-2 JavaScript 常用关键字

关键字	关键字	关键字	关键字	关键字
abstract	arguments	boolean	break	byte
case	catch	char	class*	const
continue	debugger	default	delete	do
double	else	enum	eval	export*
extends*	false	final	finally	float
for	function	goto	if	implements
import*	in	instanceof	int	interface
let	long	native	new	null
package	private	protected	public	return
short	static	super*	switch	synchronized
this	throw	throws	transient	true
try	typeof	var	void	volatile
while	with	yield		

表 2-3 Windows 保留关键字

关键字	关键字	关键字	关键字	关键字
alert	all	anchor	anchors	area
assign	blur	button	checkbox	clearInterval

续表

关键字	关键字	关键字	关键字	关键字
clearTimeout	clientInformation	close	closed	confirm
constructor	crypto	decodeURI	decodeURIComponent	defaultStatus
document	element	elements	embed	embeds
encodeURI	encodeURIComponent	escape	event	fileUpload
focus	form	forms	frame	innerHeight
innerWidth	layer	layers	link	location
mimeTypes	navigate	navigator	frames	frameRate
hidden	history	image	images	offscreenBuffering
open	opener	option	outerHeight	outerWidth
packages	pageXOffset	pageYOffset	parent	parseFloat
parseInt	password	pkcs11	plugin	prompt
propertyIsEnum	radio	reset	screenX	screenY
scroll	secure	select	self	setInterval
setTimeout	status	submit	taint	text
textarea	top	unescape	untaint	window

3. 变量的使用

变量的使用分为两步，分别是声明变量和变量的赋值，这两步可以分开操作，也可以同时操作。

1）声明变量

JavaScript 通常使用关键字 var 声明变量，例如：

```
var x;
var x,y;
var z=x+y;
```

2）变量的赋值

变量声明时如果不赋值，该变量是空的。可以使用"="来进行变量赋值，声明一个变量并为其赋值，称之为变量的初始化、例如：

```
var x=1;
var a=10,b=20;
z=30;
var name="tom",
age=20,
sex="man";
```

4. 变量的应用

1）更新变量的值

一个变量重新赋值后，它原有的值会被覆盖。

[例 2-2] 更新变量的值。

代码如下：

```html
<!DOCTYPE html>
<html>
    <head>
        <meta charset="utf-8">
        <title>更新变量的值</title>
        <script type="text/javascript">
            var myAge=18;
            console.log(myAge);
            myAge=50;
            console.log(myAge);
        </script>
    </head>
    <body>
    </body>
</html>
```

2）使用变量存储用户信息

[例2-3] 使用变量存储用户信息。

代码如下：

```html
<!DOCTYPE html>
<html>
    <head>
        <meta charset="utf-8">
        <title>更新变量的值 </title>
        <script type="text/javascript">
            var name='李晓峰';
            var age=18;
            var sex='man';
            var email='******@qq.com'
            console.log(name);
            console.log(age);
            console.log(sex);
            console.log(email);
        </script>
    </head>
    <body>
    </body>
</html>
```

扩充：JavaScript 中的常量是程序中不能改变的数据，根据数据类型常量分为整型常量、实型常量、布尔常量、字符串常量、null 常量和 undefined 常量。

四、任务实现

使用 JavaScript 输出语句开发网页底部导航栏信息页面。

具体操作步骤如下：

（1）启动代码编辑软件，新建页面。

（2）在页面中编写代码，参考代码如下：

```html
<!DOCTYPE html>
<html>
    <head>
        <meta charset="UTF-8">
        <title>底部导航</title>
        <style>
        #Wrapper {
            width: 980px;
            margin-top: 0px;
            margin-right: auto;
            margin-bottom: 0px;
            margin-left: auto;
            height: 90px;
        }
        #footer {
            padding-right: 0px;
            padding-left: 0px;
            padding-bottom: 10px;
            padding-top: 10px;
            height: 60px;
            font: bold 12px 150% tahoma;
            color: #6c6c6c;
            background-color: #e7e7e7;
            text-align: center;
        }
        </style>
    </head>
    <body>
        <div id="Wrapper">
         <div id="footer">
            联系我们   |  网站地图   | 
            服务调查   | 
            用户留言   |  设为首页   |  收藏本站 <br/>
            为了您正常地浏览页面，推荐使用分辨率为 1980×1080 及以上 <br/>
            版权所有 Copyright 2019-2023 ©黑龙江农业工程职业学院 <br/>
         </div>
        </div>
    </body>
</html>
```

（3）保存文件，注意文件路径。

（4）测试代码运行效果，查看显示结果。

任务2　判断平闰年

一、任务描述

根据用户输入的不同年份，判断是平年还是闰年，并弹出警告对话框显示结果。通过本任务，使学生掌握 JavaScript 语法中的数据类型、运算符和表达式，这些知识点是实现计算体脂率的公式的关键，为计算体脂率项目做好语法基础。页面效果如图 2-8 所示。

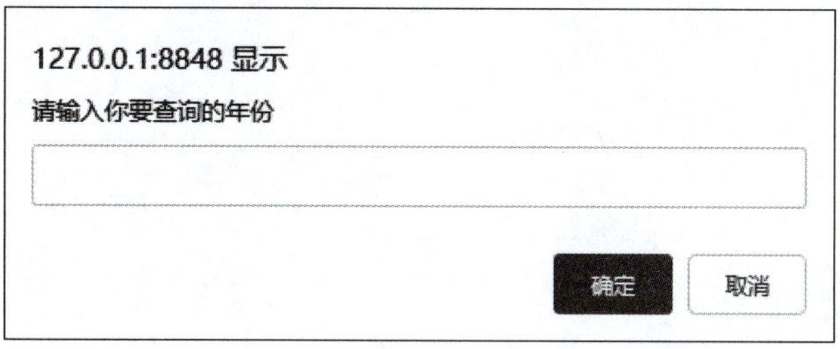

（a）输入年份

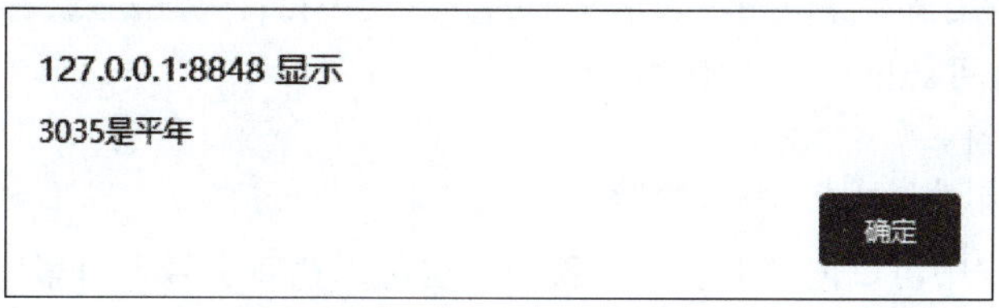

（b）结果显示

图 2-8　判断平闰年效果图

二、数据类型

数据是程序中基础的元素，数据类型决定程序如何处理数据。不同的数据所占用的存储空间是不同的，为了充分利用存储空间，JavaScript 定义了多种不同的数据类型。

1. 变量的数据类型

JavaScript 同强类型语言 C、Java 不同，它是弱数据类型语言，编写程序时不需要提前声明变量的数据类型，程序在运行过程中会自动确定变量的数据类型，可以把 JavaScript 理解为动态类型语言。

例如：

```
// 强数据类型语言 (C)
int i=4,a,b;
// 弱类型语言 (JavaScript)
var i='hello';// 根据引号确定数据类型为字符串型
```

2. 数据类型分类

JavaScript 的数据类型分为两大类，分别是基本数据类型和引用数据类型，如图 2-9 所示。

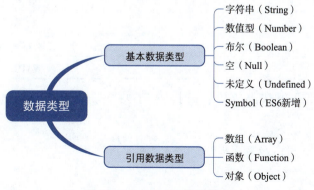

图 2-9　JavaScript 数据类型

因为 JavaScript 是动态数据类型语言，所以在程序的运行过程中可以使用 typeof 操作符检测数据类型。

例如：

```
typeof(" 函数 ");          // 字符串 string
var x=123;
typeof(x);                // 数值型 number
```

3. 基本数据类型详解

1）字符串

字符串（string）是指计算机用于表示文本的一系列字符，由单引号或者双引号括起来均可，使用 typeof() 检测返回 string。示例代码：

```
var str1=' 单引号字符串数据类型 ';
var str2=" 单引号字符串数据类型 ";
```

在单引号字符串中可以嵌套双引号字符串，也可以在双引号字符串中嵌套单引号，示例代码：

```
var str3=' 单嵌双 " 字符串 " 数据类型 ';
var str4=" 双嵌单 ' 字符串 ' 数据类型 ";
```

需要注意，不管是单引号还是双引号必须是成对出现，其作用是告诉计算机字符串从何处开始到何处结束。

字符串中还可以使用转义字符，转义字符是字符的一种间接表示方式。在特殊语境中，无法直接使用字符自身。转义字符以"\"开始，表 2-4 列出了 JavaScript 的常用转义字符。

表 2-4　JavaScript 的常用转义字符

转义字符	说明
\0	空字符
\b	退格符
\t	水平制表符
\n	换行符
\v	垂直制表符
\f	换页符
\r	回车符
\"	双引号
\'	撇号或单引号
\\	反斜杠

当需要将一个变量的值插入字符串中时，要用"+"号进行连接。例如：

```
var num1=10;
var str1=" 今天是 5 月 "+num1+" 日 ";
console.log(str1);// 输出结果为 " 今天是 5 月 10 日 "
```

2）数值型

JavaScript 的数值型（number）的写法和数学中的写法基本一样。需要注意的是，在其他编程语言中数值型分为整型和浮点型，而 JavaScript 只有一种类型数值型。使用 typeof() 检测返回 number。示例代码：

```
var num1=34;              // 整数 34 的十进制表示
var num2=042;             // 整数 34 的八进制表示
var num3=0x22;            // 整数 34 的十六进制表示
var num4=3.17;            // 常规浮点型表示
var num5=34E-12;          // 科学计数法，该数等于 34*10^-12
```

JavaScript 中还有一些特殊数值表示，可以使用 console.log() 来检验特殊数值的输出结果。JavaScript 的特殊数值见表 2-5。

表 2-5　JavaScript 的特殊数值

特 殊 数 值	含　　义
Infinity	表示无穷大的特殊值
NaN	特殊的非数字值
Number.MAX_VALUE	可表示端最大数字
Number.MIN_VALUE	可表示端最小数字
Number.NaN	特殊的非数字值
Number.POSITIVE_INFINITY	表示正无穷大的特殊值
Number.NEGATIVE_INFINITY	表示负无穷大的特殊值

3）布尔型

布尔型（boolean）数据值只有两个：true 和 false，用来表示事物的真和假，true 和 false 本身就是值，不能给这两个值加上引号。如果加上引号，它们将成为字符串，而不再是布尔值了，当布尔型数据与数值型数据运算时，true 会转换为 1，false 会转换为 0。使用 typeof() 检测返回 boolean。示例代码：

```
var num1=100;
var Boo=true;
var result=num1+Boo;
console.log(result);         // 运行结果为 101
```

在学习流程控制语句时，布尔型值会被经常使用。

4）空

当把某一个变量的值赋值为空（null）时，这个变量不再保存任何有效数据。使用 typeof() 检测返回 undefined。示例代码：

```
var x=null;
console.log(typeof(x));          // 运行结果为 undefined
```

5）未定义

当一个变量声明后没有赋值，使用 typeof() 检测将返回未定义（undefined）值。示例代码：

```
var x;
console.log(typeof(x));          // 运行结果为 undefined
```

注意事项：null 和 undefined 的区别。下面通过代码演示两者区别。

[例 2-4] null 和 undefined 的区别。

代码如下:

```html
<!DOCTYPE html>
<html>
    <head>
        <meta charset="utf-8">
        <title>嵌入 js</title>
        <script>
            var x;
            var y=null;
            console.log(x+' 您好 ');        // 输出结果为 :undefined 您好
            console.log(y+' 您好 ');        // 输出结果为 :null 您好
            console.log(x+1);              // 输出结果为 :NaN
            console.log(y+1);              // 输出结果为 1
        </script>
    </head>
    <body>
    </body>
</html>
```

4. 数据类型转换

把某一种数据类型转换成另一种数据类型称为数据类型转换。例如,使用 prompt() 方式获取的数据类型为字符串型,如果开发计算器加法程序时就不能直接使用获取的数据参与运算,需要将其数据类型转换为数值型,程序才能输出正确的结果。

1)强制数据类型转换

String():将其他类型强制转换为字符串型。示例代码:

```
var num=200;
var str=String(num);
console.log(typeof(str));          // 控制台显示结果为 string
```

Number():将其他类型强制转换为数值型。示例代码:

```
var str="200";
var num=Number(num);
console.log(typeof(num));          // 控制台显示结果为 number
```

Boolean():将其他类型的值强制转换为布尔型值。除 0、NaN、null、undefined、"(空字符串)被转换为 false 外,所有其他值都被转换为 true。示例代码:

```
var num=200;
var str=Boolean(num);              //1
var result=num+str;
console.log(result));              // 控制台显示结果为 201
```

[例 2-5] 基本数据类型转换。

代码如下:

```html
<!DOCTYPE html>
<html>
    <head>
        <meta charset="UTF-8">
        <title>基本数据类型转换</title>
        <script>
```

```
            var num1="200";
            var num2=400;
            var result=num1+String(num2);//将num2转换为字符串型
            document.write("<br>字符串的运算结果为:",result);
            var result=Number(num1)+num2;//将num1转换为数值型
            document.write("<br>数值的运算结果为:",result);
            result=num1+200;
            document.write("<br>字符串与数字的运算结果为:",result);
            var bo=Boolean(num1);//将num1转换为布尔型
            result=bo+num1;
            document.write("<br>布尔值与字符串的运算结果为:",result)
            result=bo+200;
            document.write("<br>布尔值与数值的运算结果为:",result);
        </script>
    </head>
    <body>
    </body>
</html>
```

将页面保存，在浏览器中执行，结果如图 2-10 所示。

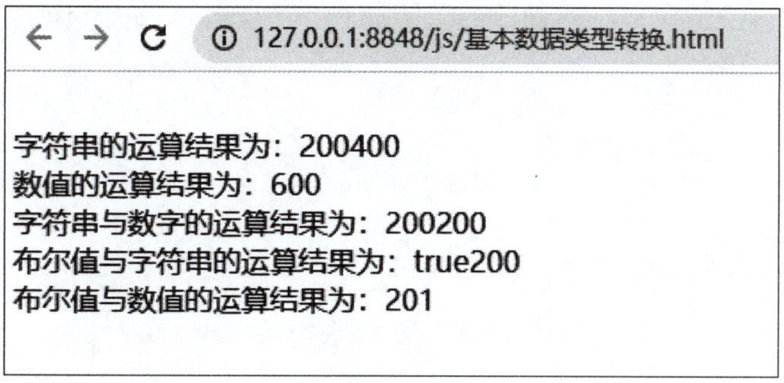

图 2-10 基本数据类型程序运行结果

2）提取数据类型转换

parseInt()：从字符串中提取整数。示例代码：

```
var str="200.56abc";
var num=parseInt(str);
console.log(num);           // 控制台显示结果为 200
```

parseFloat() 将字符串转换为浮点数。示例代码：

```
var str="200.56abc";
var num=parseFloat(str);
console.log(num);           // 控制台显示结果为 200.56
```

eval()：计算字符串表达式或语句的值。示例代码：

```
var str="200.56";
var num=2;
var result=eval(str+num);
console.log(result);        // 控制台显示结果为 200.562,数据类型为 number
```

[例 2-6] 提取数据类型转换。

代码如下：

```html
<!DOCTYPE html>
<html>
    <head>
        <meta charset="UTF-8">
        <title>提取数据类型转换</title>
        <script>
            var num1="300abc";
            var num2="2.34";
            // 提取整数部分
            num1=parseInt(num1);
            num3=parseInt(num2);
            document.write("<br>将 num1 转换为整型后的结果为 :",num1);
            document.write("<br>将 num2 转换为整型后的结果为 :",num3);
            num1=parseInt(num1,8);
            document.write("<br>将 num1 作为八进制数转换的结果为 :",num1);
            // 提取浮点数
            num2=parseFloat(num2);
            document.write("<br>将 num2 转换为浮点型的结果为 :",num2);
            // 计算表达式的值
            result=eval("200"+num2);
            document.write("<br>eval(\"100\"+num2) 的返回值为 :",result);
        </script>
    </head>
    <body>
    </body>
</html>
```

将页面保存，在浏览器中执行，结果如图 2-11 所示。

图 2-11　提取数据类型程序运行结果

三、运算符与表达式

JavaScript 的表达式是由操作数和运算符组成的，运算符用于完成运算，参与运算的数称为操作数。JavaScript 中的运算符分为赋值运算符、算术运算符、关系运算符、逻辑运算符、字符串运算符、位运算符。

运算符与表达式

1. 赋值运算符

赋值运算符用于给 JavaScript 变量赋值，将表达式右侧的值赋给左边的变量。JavaScript 中除了 "=" 用于赋值外，还有 "+="（相加并赋值）、"-="（相减并赋值）、"*="（相乘并赋值）等。JavaScript 的赋值运算符示例见表 2-6，其中 x=9，y=6。

表 2-6　JavaScript 的赋值运算符示例

运 算 符	示　　例	等 同 于	结　　果
=	x=y	x=y	x=6
+=	x+=y	x=x+y	x=15
-=	x-=y	x=x-y	x=3
*=	x*=y	x=x*y	x=54
/=	x/=y	x=x/y	x=1.5
%=	x%=y	x=x%y	x=3

[例 2-7] 赋值运算符。

代码如下：

```
<!DOCTYPE html>
<html lang="en" >
<head>
    <meta charset="utf-8" />
    <title>赋值运算符</title>
</head>
<body>
    <script>
        var x=5;
        document.write('<br>x=5');
        x+=10;
        document.write('<br>执行 x+= 10 后 x='+x);
        x-=10;
        document.write('<br>执行 x -= 10 后 x='+x);
        x*=10;
        document.write('<br>执行 x *= 10 后 x='+x);
        x/=10;
        document.write('<br>执行 x /= 10 后 x='+x);
        x%=2;
        document.write('<br>执行 x %= 2 后 x='+x);
    </script>
</body>
</html>
```

将页面保存，在浏览器中执行，结果如图 2-12 所示。

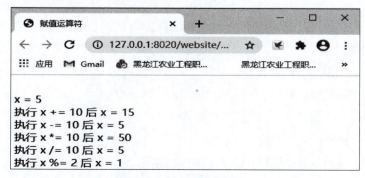

图 2-12　赋值运算符的结果

2. 算术运算符

算术运算符用于执行加、减、乘和除等算术运算。乘除法的优先级高于加减法，必要时可以使用括号改变运算顺序。JavaScript 的算术运算符描述和示例见表 2-7，其中 x=9，y=6。

表 2-7　JavaScript 的算术运算符描述和示例

运算符	描述	示例
+	执行加法运算	x+y=15
-	执行减法运算	x-y=3
*	执行乘法运算	x *y=54
/	执行除法运算	x /y=1.5
%	执行求余数运算	x %y=3
++	变量自加运算，例 x++，++x	x=10
--	变量自减运算，例 x--，--x	x=8

[例 2-8] 算术运算符。

代码如下：

```
<head>
    <meta charset="utf-8" />
    <title>算术运算符</title>
</head>
<body>
    <script>
        x=5;
        y=++x;                                  // 等价于 x=x+1;y=x
        document.write("<br>x = "+x);
        document.write("<br>y = "+y);
        z=x++;                                  // 等价于 y=x;x=x+1
        document.write("<br>x = "+x);
        document.write("<br>z = "+z);
        a=--x;                                  // 等价于 x=x-1; a=x
        document.write("<br>x = "+x);
        document.write("<br>a = "+a);
        b=x--;                                  // 等价于 b=x; x=x-1
        document.write("<br>x = "+x);
        document.write("<br>b = "+b);
        document.write("<br>9%2="+(9%2));
        document.write("<br>9%-2 = "+(9%-2));
        document.write("<br>-9%2 = "+(-9%2));
        document.write("<br>-9%-2 = "+(-9%-2));
        document.write("<br>9%2.4 = "+(9%2.4));
    </script>
</body>
</html>
```

将页面保存，在浏览器中执行，结果如图 2-13 所示。

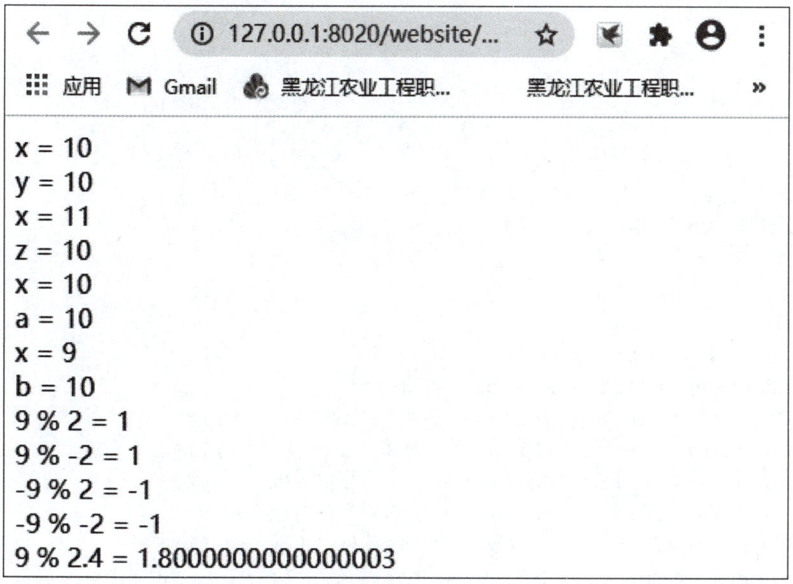
127.0.0.1:8020/website/...
应用
Gmail
黑龙江农业工程职...
黑龙江农业工程职...
x = 10
y = 10
x = 11
z = 10
x = 10
a = 10
x = 9
b = 10
9 % 2 = 1
9 % -2 = 1
-9 % 2 = -1
-9 % -2 = -1
9 % 2.4 = 1.8000000000000003

图 2-13 算术运算符的结果

3. 关系运算符

关系运算符也称比较运算符，用于比较两个操作数的大小关系，其结果就是 true 或 false。JavaScript 的关系运算符的描述和示例见表 2-8，其中 x=8。

表 2-8 JavaScript 的关系运算符描述和示例

运算符	描　述	比　较	返　回　值
==	等于	x==8	true
		x==5	false
===	绝对等于（值和类型均相等）	x==="8"	false
		x===8	true
!=	不等于	x!=5	true
!==	不绝对等于（值和类型有一个不相等，或两个都不相等）	x!=="5"	true
		x!==8	false
>	大于	x>10	false
<	小于	x<10	true
>=	大于或等于	x>=10	false
<=	小于或等于	x<=10	true

需要注意的是“==”和“===”判断是否相等是有区别的，两个等号的只判断数值是否相等，不判断数据类型，三个等号的数值和数据类型都进行判断。

扩充：NaN 数字类型的值比较特殊，在进行相等和全等判断时返回的结果都是 false。JavaScript 规定在执行判断相等时，只有 NaN 不等于它自己。

[例2-9] 关系运算符。

代码如下：

```
<!DOCTYPE html>
<html>
<head>
    <meta charset="utf-8" />
    <title>关系运算符</title>
</head>
<body>
    <script>
        var x=8,y=4;
        document.write('x = 5,y = 3');
        document.write("<br>x < y 结果为:"+(x < y));
        document.write("<br>x > y 结果为:"+(x > y));
        document.write("<br>x <= y 结果为:"+(x <= y));
        document.write("<br>x >= y 结果为:"+(x >= y));
        document.write("<br>x == 8 结果为:"+(x == 8));
        document.write('<br>x == "8" 结果为:'+(x == "8"));
        document.write("<br>x === 8 结果为:"+(x === 8));
        document.write('<br>x === "8" 结果为:'+(x === "8"));
        document.write('<br>x != "8" 结果为:'+(x != "8"));
        document.write('<br>x !== "8" 结果为:'+(x !== "8"));
    </script>
</body>
</html>
```

将页面保存，在浏览器中执行，结果如图2-14所示。

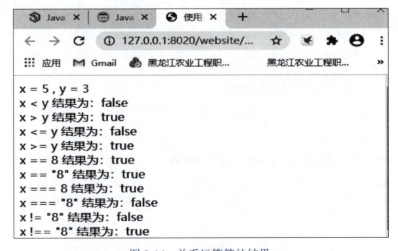

图2-14　关系运算符的结果

4. 逻辑运算符

逻辑运算符用于对布尔型值执行运算，通常在条件语句中使用。

逻辑与：运算符前后表达式都为真，结果才为真，"都真才真"。

逻辑或：运算符前后的表达式有一个为真，结果就为真，"有真就真"。

逻辑非：将表达式运算结果取反，"真取假"，"假取真"。

JavaScript 的逻辑运算符描述见表 2-9。

表 2-9　JavaScript 的逻辑运算符描述

运算符	描　　述
&&	逻辑与，当操作数的值都为 true 时，运算结果为 true
||	逻辑或，当操作数的值有一个值为 true，运算结果就为 true
!	逻辑非，对操作数取反，true 的非运算结果为 false，false 的非运算结果为 true

[例 2-10] 逻辑运算符。

代码如下：

```
<!DOCTYPE html>
<html>
<head>
    <meta charset="utf-8" />
    <title>逻辑运算符</title>
</head>
<body>
    <script>
     var a=10,b=20,c=30,d=40;
     document.write("<br>(a>b)&&(d>c)=",(a>b)&&(d>c));
     document.write("<br>(a>b)||(d>c)=",(a>b)||(d>c));
     document.write("<br>!(a>b)=",!(a>b))
    </script>
</body>
</html>
```

将页面保存，在浏览器中执行，结果如图 2-15 所示。

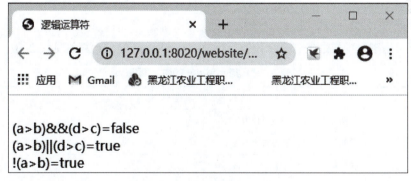

图 2-15　逻辑运算符的结果

5. 字符串运算符

加号"+"运算符也可用于对字符串进行相加。当表达式两个操作数的数据类型是数值型时，"+"执行加法运算；当有一个操作数的数据类型是字符串型时，"+"执行连接运算。

[例 2-11] 字符串运算符。

代码如下：

```
<!DOCTYPE html>
<html>
```

```
<head>
    <meta charset="utf-8" />
    <title>字符串运算符</title>
</head>
<body>
    <script>
        x="I like "+"JavaScript";
        document.write('"I like "+"JavaScript"');
        document.write(" 结果为:"+x);
        x=4+4+"ABC"
        document.write('<br>4+4+"ABC"');
        document.write(" 结果为:"+x)
        x="ABC"+4+4
        document.write('<br>"ABC"+4+4');
        document.write(" 结果为:"+x)
    </script>
</body>
</html>
```

将页面保存，在浏览器中执行，结果如图 2-16 所示。

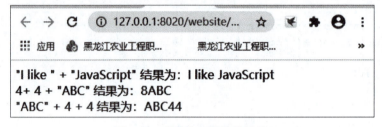

图 2-16　字符串运算符的结果

6. 位运算符

位运算符用于对操作数按二进制位执行运算。JavaScript 的位运算符见表 2-10。

表 2-10　JavaScript 的位运算符

运算符	描　　述
&	如果两位都是 1 则设置每位为 1
|	如果两位之一为 1 则设置每位为 1
~	反转所有位
^	如果两位只有一位为 1 则设置每位为 1
<<	如果两位只有一位为 1 则设置每位为 1
>>	通过从左推入最左位的复制来向右位移，并使最右边的位脱落

[例 2-12] 位运算符。

代码如下：

```
<!DOCTYPE html>
<html>
<head>
    <meta charset="utf-8" />
```

```
    <title>使用位运算符</title>
</head>
<body>
    <script>
        document.write('<br>~4 结果为:'+(~4));
        document.write('<br>4 & -6 结果为:'+(4 & -6));
        document.write('<br>4 | -6 结果为:'+(4| -6));
        document.write('<br>4 << 2 结果为:'+(4 << 2));
        document.write('<br>-4 >> 2 结果为:'+(-4 >> 2));
        document.write('<br>-4>>> 2 结果为:'+(-4 >>> 2));
    </script>
</body>
</html>
```

将页面保存，在浏览器中执行，结果如图 2-17 所示。

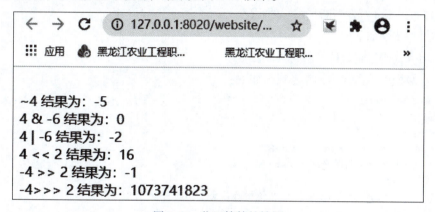

图 2-17　位运算符的结果

7. 运算符的优先级

JavaScript 中的运算符是按照一个特定的顺序来求值的，这个顺序就是运算符的优先级。JavaScript 运算符优先级见表 2-11，其中处于同一行的运算符从左至右求值。

表 2-11　JavaScript 运算符优先级

运算符	描述
.　[]　()	字段访问、数组下标以及函数调用
++　--　-　~　!　typeof　new　void　delete	一元运算符、返回数据类型、对象创建、未定义值
*　/　%	乘法、除法、取模
+　-　+	加法、减法、字符串连接
<<　>>　>>>	移位
<　<=　>　>=	小于、小于等于、大于、大于等于
==　!=　===　!==	等于、不等于、恒等、不恒等
&	按位与
^	按位异或

续表

运　算　符	描　　述
|	按位或
&&	逻辑与
||	逻辑或
?:	条件（三元运算）
=	赋值
,	多重求值

四、任务实现

使用 JavaScript 开发判断平闰年的程序。

具体操作步骤如下：

（1）启动代码编辑软件，新建页面。

（2）在页面中编写代码，参考代码如下：

```
<!DOCTYPE html>
<html>
    <head>
        <meta charset="utf-8">
        <title>判断平闰年</title>
        <script>
            var year=prompt("请输入你要查询的年份","");
            if(year%4==0&&year%100!=0 || year%400==0) {
                alert(year+'是闰年');
            } else {
                alert(year+'是平年');
            }
        </script>
    </head>
    <body>
    </body>
</html>
```

（3）保存文件，注意文件路径。

（4）测试代码运行效果，查看显示结果。

【项目实施】

使用 JavaScript 开发计算体脂率的程序。参考代码如下：

```
<!DOCTYPE html>
<html>
    <head>
        <meta charset="utf-8" />
        <title>计算体脂率</title>
    </head>
    <body>
```

```
        <script type="text/javascript">
            var weight=prompt("请输入你的体重（单位千克)");
            var height=prompt("请输入你的身高（单位米)")
            var BMI=weight/(height*height);
            alert("您的体脂率是"+BMI.toFixed(2));
        </script>
    </body>
</html>
```

【项目总结】

通过输出网页版权信息、判断平闰年等任务主要学习 JavaScript 的基础知识，包括变量、数据类型、数据类型转换、运算符与表达式。掌握基础语法知识是学好 JavaScript 的第一步，只有掌握了基础知识才能游刃有余地学习后续内容。

【问题探索】

一、理论题

1. 简述变量的命名规范。
2. 简述基本数据类型的分类。
3. 简述 JavaScript 强制转换数据类型的方法。

二、实操题

1. 提示用户输入年龄，用户的反馈作为字符串值被赋给变量，再弹出对话框输出年龄。
2. 编写一个小程序，询问用户华氏温度，然后将其转换为摄氏温度，使用 parseFloat() 函数，要指定数值精度，转换公式为 $C=\frac{5}{9}(F-32)$。
3. 编程计算 89 小时共多少天零多少小时？

【拓展训练】

使用 JavaScript 语言完成体脂率程序的二次开发，要求根据不同的性别计算结果并给出相应提示。体脂率公式如下：

（1）计算体重指数（BMI）：BMI=体重/身高的平方。式中，体重的单位为 kg，身高的单位为 m。

（2）计算体脂率：1.2×BMI+0.23×年龄 -5.4-10.8×性别（男为 1，女为 0）

说明：成年男性的体脂率为 15%~18%，成年女性为 20%~25%。

项目二　简易自动取款机模拟系统

【春风化雨】

数据安全法

为深入学习宣传贯彻党的二十大精神，贯彻落实习近平总书记关于全面加强国家安全教育的重要指示精神，增强全民国家安全意识和法治意识，让我们一起学习《中华人民共和国数据安全法》，坚定不移贯彻总体国家安全观。

2021年6月10日，第十三届全国人民代表大会常务委员会第二十九次会议通过《中华人民共和国数据安全法》（简称《数据安全法》），自2021年9月1日起施行。《数据安全法》共七章五十五条，主要聚焦数据安全与发展、数据安全制度、数据安全保护义务、政务数据安全与开放、法律责任等内容。根据《数据安全法》的规定，数据安全，是指通过采取必要措施，确保数据处于有效保护和合法利用的状态，以及具备保障持续安全状态的能力。数据安全概念的提出与界定，以数据全生命周期中数据安全为聚焦点，将在理论与实践中具有区别但又交叉重叠的信息安全、网络安全以及隐私保护等概念有效地结合起来。

1. 数据及其处理和安全

《数据安全法》所称数据，是指任何以电子或者其他方式对信息的记录。数据处理，包括数据的收集、存储、使用、加工、传输、提供、公开等。数据安全，是指通过采取必要措施，确保数据处于有效保护和合法利用的状态，以及具备保障持续安全状态的能力。

2. 数据分类分级保护制度

国家建立数据分类分级保护制度，根据数据在经济社会发展中的重要程度，以及一旦遭到篡改、破坏、泄露或者非法获取、非法利用，对国家安全、公共利益或者个人、组织合法权益造成的危害程度，对数据实行分类分级保护。国家数据安全工作协调机制统筹协调有关部门制定重要数据目录，加强对重要数据的保护。

3. 收集数据要合法

任何组织、个人收集数据，应当采取合法、正当的方式，不得窃取或者以其他非法方式获取数据。法律、行政法规对收集、使用数据的目的、范围有规定的，应当在法律、行政法规规定的目的和范围内收集、使用数据。

【学习目标】

（1）掌握if语句单分支、双分支和多分支语法结构。

（2）掌握switch语句语法结构。

(3)掌握 while 语句语法结构，使用 while 语句编写循环结构程序代码。
(4)掌握 for 语句语法结构，使用 for 语句编写循环结构程序代码。
(5)掌握三元运算符的使用。
(6)掌握 break 和 continue 的区别并合理使用。
(7)培养学生肩负民族振兴使命。

【项目描述】

通过简易自动取款机模拟系统项目，引导学生掌握流程控制语句的使用。一个程序执行的过程中，代码的执行顺序会直接影响执行结果。通过合理使用流程控制语句开发满足用户需求的简易自动取款机模拟系统。输入数字 1 实现存款功能；输入数字 2 实现取款功能；输入数字 3 查询余额，输入数字 4 取卡退出。

简易自动取款机模拟系统效果如图 3-1 所示。

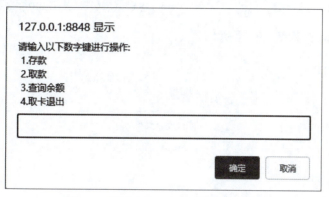

图 3-1　简易自动取款机模拟系统效果

【项目分析】

完成本项目的技术要点：
(1)输入/输出语句的使用。
(2)分支语句的使用。
(3)循环语句的使用。
(4)运算结果的显示。

任务 1　学生成绩等级划分

一、任务描述

本任务要求学生使用 JavaScript 编写程序，根据用户输入成绩，给出学生的成绩考评结果：如果成绩在 90~100 分，考评为"A，优秀"；如果成绩在 80~89 分之间，考评为"B，良好"；如果成绩在 70~79 分之间，考评为"C，中等"；如果成绩在 60~69 分之间，考评为"D，及格"；

否则为"E，不及格"。通过本任务，使学生掌握JavaScript流程控制语句中的选择结构，主要包括if语句和switch语句，这些知识点是实现简易自动取款机模拟系统项目主要流程结构的关键。页面效果如图3-2所示。

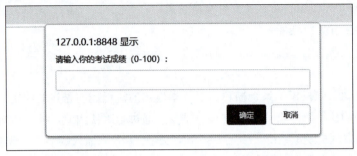

（a）输入成绩

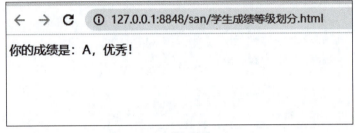

（b）等级结果

图3-2　学生成绩等级划分

二、选择结构

选择结构

程序代码的执行顺序直接影响程序执行结果。控制代码的执行顺序称为流程控制。流程控制主要有三种结构，分别是顺序结构、分支结构和循环结构。

分支结构是根据条件来决定执行哪条分支代码，也称条件语句。条件语句让程序增加了一些"智能"，不再一成不变地一行一行执行语句，而是根据不同的条件来执行不同的动作。JavaScript提供了两种类型的条件语句：if语句和switch语句。

1. if语句

语法格式一：

```
if(条件表达式){
    如果条件为true时执行的代码块；
}
```

如果条件表达式计算结果为true，则执行大括号中的代码块。如果代码段中只有一条语句，则可省略大括号。

[例3-1] 单分支案例。

代码如下：

```
var x=prompt("请输入1-100之间的任意整数","");
if(x%2==0){
    document.write(x+"是偶数");
}
```

语法格式二：

```
if( 条件 ){
    条件为 true 时执行的代码块；
} else {
    条件为 false 时执行的代码块；
}
```

如果条件表达式计算结果为 true，则执行条件为 true 时执行的代码块，否则执行条件为 false 时执行的代码块。

[例 3-2] 双分支案例。

代码如下：

```
var x=prompt("请输入 1-100 之间的任意整数 ","");
if(x%2==0){
    document.write(x+" 是偶数 ");
}
else{
    document.write(x+" 是奇数 ");
}
```

语法格式三：

```
if( 条件 1){
    条件 1 为 true 时执行的代码块；
}
else if( 条件 2){
    条件 2 为 true 时执行的代码块；
}
…
else if( 条件 n){
    条件 n 为 true 时执行的代码块；
}
else {
    所有条件同时为 false 时执行的代码块；
}
```

JavaScript 依次判断各个条件，只有在前一个条件表达式计算结果为 false 时，才计算下一个条件。当某个条件表达式计算结果为 true 时，执行对应的代码段。对应代码段中语句执行完后，条件语句结束。只有在所有条件表达式计算结果均为 false 时才会执行 else 部分的代码段，else 部分可以省略。

[例 3-3] 多分支案例。

代码如下：

```
var score=prompt("请输入您的成绩 ","");
if(score<60){
    document.write(score+" 分，不及格 ");
}
else if(score<70){
    document.write(score+" 分，及格 ");
}
else if(score<80){
    document.write(score+" 分，中等 ");
```

```
}
else {
    document.write(score+" 分，优秀 ");
}
```

2．if 语句的嵌套

JavaScript 脚本的 if 语句可以嵌套使用，即分支中还可以再有分支。

[例 3-4] if 语句的嵌套。

设某动物园的门票价格见表 3-1。

表 3-1 某动物园的门票价格

时 间	年龄（大于等于 6 岁）	年龄（小于 6 岁）
星期一至星期五	30 元	0 元
星期六至星期日	50 元	30 元

编写程序，让用户输入星期几和年龄，弹出对话框显示门票价格。星期用数字 0~6 表示，0 代表星期日，依此类推，6 代表星期六。

代码如下：

```
<!DOCTYPE html>
<html>
    <head>
        <meta charset="utf-8">
        <title>if 嵌套</title>
        <script>
            // 用户输入年龄
            var age=Number(prompt(" 请输入您的年龄 ",""));
                                    // 用户输入年龄
            var week=Number(prompt(" 请输入星期,0 表示星期日 ",""));
                                    // 用户输入星期
            if (age>=6) {
                if(week>=1&&week<=5) {
                    alert(" 您好，门票价格为 30 元！ ");
                } else {
                    alert(" 您好，门票价格为 50 元！ ");
                }
            } else {
                if(week>=1&&week<=5) {
                    alert(" 您好，免费入园 ");
                } else {
                    alert(" 您好，门票价格为 30 元！ ");
                }
            }
        </script>
    </head>
    <body>
    </body>
</html>
```

通过浏览器测试运行结果如图 3-3 所示。

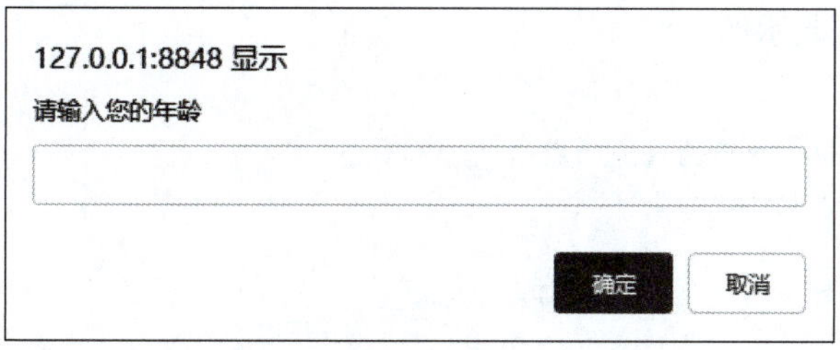

（a）输入年龄

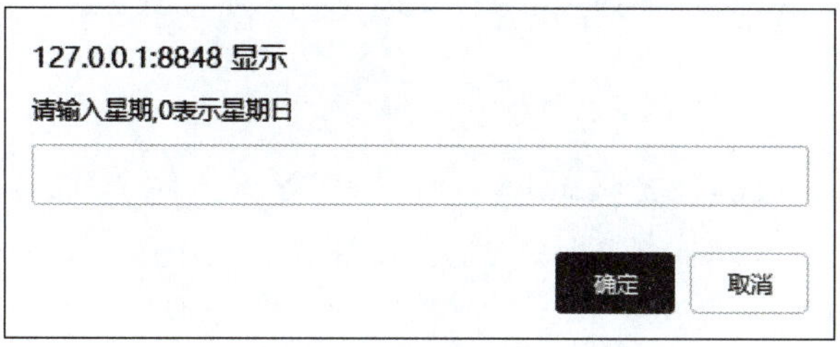

（b）输入星期

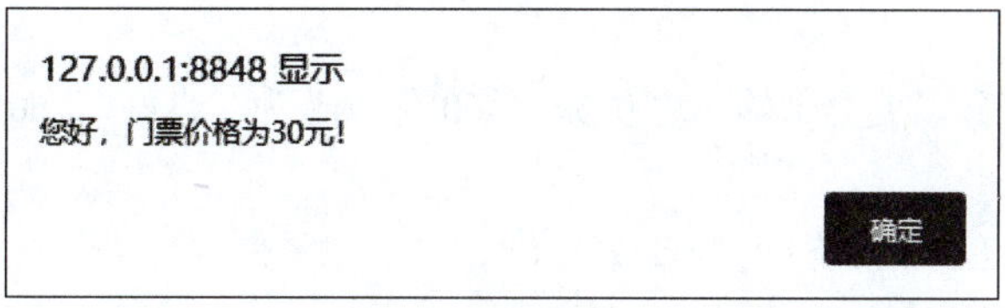

（c）显示结果

图 3-3　if 嵌套效果

3. switch 语句

switch 语句也是多分支语句，功能与 if…elseif 语句类似，不同的是它只能针对某个表达式的值做出判断，从而决定执行哪一段代码。其特点是代码更加清晰、简洁，便于阅读。语法格式：

```
switch(表达式){
    case 值1:
        代码块1;
        break;
    case 值1:
        代码块2;
        break;
    ...
    default:
        默认代码块;
}
```

首先计算表达式的值（通常是一个变量），随后将表达式的值与结构中的每个 case 的值做比较。如果存在匹配，则与该 case 关联的代码块会被执行。break 用于阻止代码自动地向下一个 case 运行。switch 语句并不像 if 语句那样在执行某一个分支后自动跳出语句体。若没有匹配的值，则执行 default 中的代码块。default 是可选的，表示默认情况下执行的代码块。

[例 3-5] switch 语句示例。

代码如下：

```
var score=prompt("请输入您的成绩","");
switch(parseInt(score/10)){
    case 9:
       document.write("优秀");
        break;
    case 8:
      document.write("良好");
        break;
    ...
    default:
      document.write("继续加油哦！");
}
```

4. switch 语句灵活写法

switch 语句中不一定每次只执行一个分支，可以执行多个分支，是否跳出分支由 break 语句决定。

比如，将学生 80 分以上全部输出"优秀"，60 分以上为"良好"，60 分以下输出"继续加油哦！"。

```
var score=prompt("请输入您的成绩","");
switch(parseInt(score/10)){
   case 9:
   case 8:
       document.write("优秀");
        break;
    case 7:
    case 6:
      document.write("良好");
        break;
    default:
      document.write("继续加油哦！");
}
```

扩充：由三元运算符组成的式子称为三元表达式，使用三元表达式可以实现双分支条件语句的判断程序编写，相应的代码行数要比 if 语句少一些。例如，双分支案例可以写成如下程序：

```
var x=prompt('请输入数字','');
var result=x%2==0?'偶数':'奇数';
alert(result);
```

三、任务实现

使用 JavaScript 开发学生成绩等级划分程序。

具体操作步骤如下：

（1）启动代码编辑软件，新建页面。

（2）在页面中编写代码，参考代码如下：

```
<!DOCTYPE html>
```

```html
<html>
    <head>
        <meta charset="utf-8" />
        <title>学生成绩等级划分</title>
        <script>
            var score=eval(prompt("请输入你的考试成绩(0-100):",""));
            if(score>=90) {
                document.write("你的成绩是:A,优秀! ");
            } else if(score>=80) {
                document.write("你的成绩是:B,良好! ");
            } else if(score>=70) {
                document.write("你的成绩是:C,中等! ");
            } else if(score>=60) {
                document.write("你的成绩是:D,及格! ");
            } else {
                document.write("你的成绩是:E,不及格! ");
            }
        </script>
    </head>
    <body>
    </body>
</html>
```

(3)保存文件,注意文件路径。

(4)测试代码运行效果,查看显示结果。

任务 2　计算 1~100 的累加和

一、任务描述

使用 JavaScript 的循环语句计算 1~100 的累加和。通过本任务,使学生掌握 JavaScript 流程控制语句中的循环结构,主要包括 while 循环语句、do...while 循环语句、for 循环语句,这些知识点是实现简易自动取款机模拟系统项目主要流程结构的关键。页面效果如图 3-4 所示。

图 3-4　1~100 的累加和效果图

二、循环结构

假如需要输出 100 次"欢迎来到 JavaScript 的世界",按照前面介绍的方法,需要把输出语句重复写 100 次,是非常烦琐的。如果一段代码需要重复执行多次,那么循环语句的使用就会使烦琐变为简单。一组被重复执行的语句称为循环体,能否

循环结构

重复执行，取决于循环的终止条件。由循环体及循环的终止条件组成的语句称为循环语句。JavaScript 提供了三种类型的条件语句：while 语句、do...while 语句和 for 语句。

1. while 语句

while 语句简单直观。从语法上看，while 循环语句分为两部分：循环继续条件和循环体。只要循环继续条件为 true，循环的代码块就可以一直执行，直到条件表达式为 false 时结束循环，"先测试再循环"。语法格式：

```
while(条件表达式){
    循环执行的代码块；
}
```

[例 3-6] while 语句案例。

代码如下：

```
var i=1,sum=0;
while(i<=10){
    sum=sum+i;         // 计算 1-100 之间的所有整数的和
    i++;               // 假设没有 i++，程序会出现什么问题？
}
document.write("1~10 的和为:"+sum);
```

循环原理：

第一次循环：var i=1，i 被赋初值，然后程序测试 i<=10 是否为真，结果为真执行 sum=sum+i，sum=1，然后 i++，循环变量值变为 2，一次循环结束。

循环继续执行，程序测试 i<=10 是否为真，2<=10 为真，继续执行 sum=sum+i，sum=3，然后 i++，循环变量值为 3，第二次循环结束。

如此循环反复执行，循环变量 i 引导循环执行，只要 i<=10 的测试条件，循环体内的语句就会执行。i++ 语句循环变量自增，i<=10 的条件终究不满足，从而退出循环。

本例当 i=10 时，循环体代码结束并输出结果。需要注意的是，在循环体中需要对计数器的值进行更新，以防止出现死循环。

"死循环"即循环条件永远不会结束。例 3-6 中如果忘记改变循环变量的值，将导致程序进入死循环。

2. do...while 语句

Do...while 语句是 while 循环的变体。该循环会在检查条件是否为真之前执行一次代码块，如果条件为真，就会重复这个循环，"先执行再测试"。语法格式：

```
do {
    循环执行的代码块；
}
while(条件);
```

[例 3-7] do...while 语句案例。

代码如下：

```
var i=1,sum=0;
do{
    sum=sum+i;         // 计算 1-100 之间的所有整数的和
    i++;               // 假设没有 i++，程序会出现什么问题？
```

```
} while(i<=10)
document.write("1~10 的和为:"+sum);
```

本案例首先执行 do 后面大括号中的循环体,然后再判断 while 后面的循环条件,当循环条件为 true 时,继续执行循环体,否则结束本次循环。

3. for 语句

for 语句是最常用的循环语句。语法格式:

```
for(初始化变量;条件表达式;增量表达式){
    循环执行的代码块;
}
```

for 的圆括号中有三个表达式,含义分别是:

(1)初始化变量,计数器变量,用 var 关键字声明一个变量并且附一个初始值。
(2)条件表达式,循环的终止条件。
(3)增量表达式,控制计数器变量的更新。

[例 3-8] for 语句案例。

代码如下:

```
var sum=0;
for(var i=1;i<=10;i++){
    sum=sum+i;           //计算 1-100 之间的所有整数的和
}
document.write("1~10 的和为:"+sum);
```

扩充:在程序的某一行设置一个断点,调试时,程序运行到这一行就会停住,然后可以控制代码一步一步地执行,在调试过程中可以看到每个变量当前的值。

4. break 语句和 continue 语句

break 语句可以用在条件语句和循环语句中,其功能是终止程序执行。continue 语句可以在循环语句中使用,它的功能是跳出满足条件的循环,继续下一次循环。

[例 3-9] break 语句案例。

代码如下:

```
for(var i=1;i<=5;i++){
    if(i==3){break;}
    document.write("我吃完了第"+i+"个饺子</br>");
}
```

运行结果如图 3-5 所示。

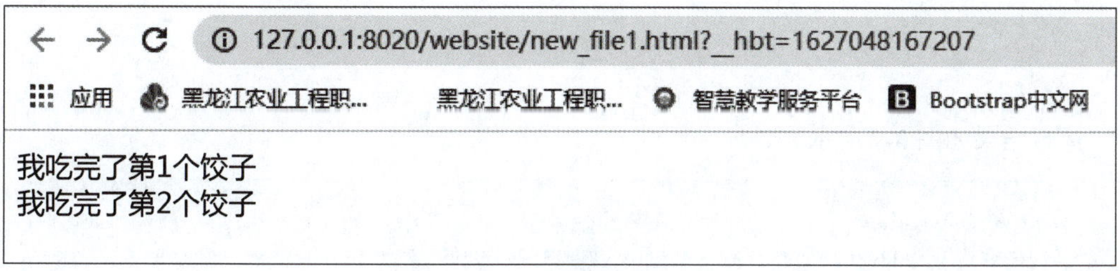

图 3-5 break 语句案例运行结果

[例 3-10] continue 语句案例。

代码如下：

```
for(var i=1;i<=5;i++){
    if(i==3){continue;}
    document.write(" 我吃完了第 "+i+" 个饺子 </br>");
}
```

运行结果如图 3-6 所示。

图 3-6　continue 语句案例运行结果

5. 流程语句嵌套

对于一些复杂问题，单独使用分支语句或者循环语句无法解决，那么就需要根据具体问题编写不同的嵌套程序：在条件语句里面嵌套条件语句、循环语句里面嵌套条件语句、条件语句里面嵌套循环语句或者循环语句里面嵌套循环语句。

[例 3-11] 编写 7 的数字游戏，能被 7 整除或者个位数是 7 的 1~100 之间的数不输出。

代码如下：

```
<!DOCTYPE html>
<html>
    <head>
        <meta charset="utf-8">
        <title>报 7 游戏 </title>
        <script type="text/javascript">
            for(var i=1; i<=100; i++) {
                if(i%7==0 || i%10==7) {
                    continue;
                } else {
                    document.write(i+" ");
                }
            }
        </script>
    </head>
    <body>
    </body>
</html>
```

运行结果如图 3-7 所示。

图 3-7　7 的数字游戏的效果图

[例 3-12] 根据用户输入的行数，输出正方形，如果用户输入的行数小于 10 按照实际数字输出，如果行数大于 10 行，最多输出 10 行。

代码如下：

```html
<!DOCTYPE html>
<html>
    <head>
        <meta charset="utf-8">
        <title>输出正方形</title>
        <script>
            document.write("<center>");
            var row=prompt("请输入打印的行数：","");
            if(row<10) {
                for(var i=0; i<row; i++) {
                    for(var j=0; j<row; j++) {
                        document.write(" * ");
                    }
                    document.write("<br/>");
                }
            }// 行数小于 10, 按照输入的行数输出
  else {
                for(var i=0; i<10; i++) {
                    for(var j=0; j<10; j++) {
                        document.write(" * ");
                    }
                    document.write("<br/>");
                }
            }// 行数大于 10, 最多输出 10 行
            document.write("</center>");
        </script>
    </head>
    <body>
    </body>
</html>
```

运行结果如图 3-8 所示。

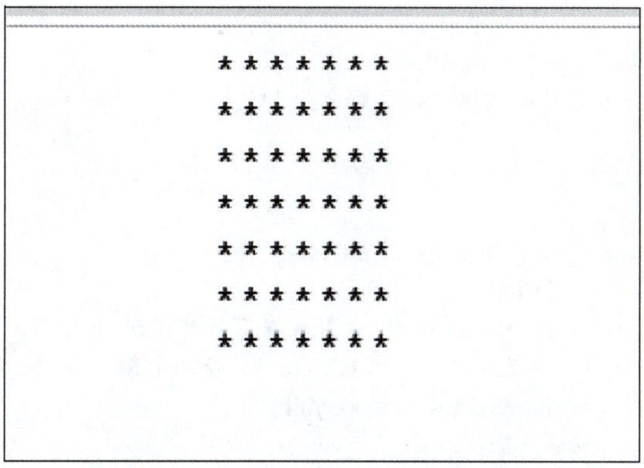

图 3-8　输出正方形的效果图

三、任务实现

使用 JavaScript 的循环语句计算 1~100 的累加和。
具体操作步骤如下：
（1）启动代码编辑软件，新建页面。
（2）在页面中编写代码，参考代码如下：

```html
<!DOCTYPE html>
<html>
    <head>
        <meta charset="utf-8"></meta>
        <title> 累加和 </title>
        <script>
        var i=1,sum=0;
        while(i<=100)
        {
            sum=sum+i;
            i++;
        }
        document.write("1~100 的累加和为:"+sum);
        </script>
    </head>
    <body>
    </body>
</html>
```

（3）保存文件，注意文件路径。
（4）测试代码运行效果，查看显示结果。

【项目实施】

使用 JavaScript 语言实现简易自动取款机模拟系统。
参考代码如下：

```html
<!DOCTYPE html>
<html>
    <head>
        <meta charset="utf-8">
        <title> 简易自动取款机模拟系统 </title>
    </head>
    <body>
        <script>
            var money=1000; // 设置初始金额
            while(true){
                var key=prompt(" 请输入以下数字键进行操作：
\n 1.存款 \n 2.取款 \n 3.查询余额 \n 4.取卡退出 ")
                switch (parseInt(key)){
                    case 1:
                        var input=prompt(' 请输入要存入的金额 ');
                        if(input==''){
                            alert(" 输入的金额有误 ");
```

```javascript
            }else{
                money+=parseInt(input);
                alert('您现在当前的余额为
                '+money+'元');
            }
            break;
        case 2:
            var output = prompt("请输入要取出的
            金额");
            if(output==''){
                alert("您输入的金额有误");
            }else if(money>=output){
                money-=output;
                alert("您已成功取出 "+output+"
                元 "+" 所剩余额为 "+money+" 元 ");
            }else{
                alert('您的余额不足');
            }
            break;
        case 3:
            alert("您当前的余额为 "+money+" 元 ");
            break;
        case 4:
            alert("您的银行卡已取出 ");
            break;
        default:
            alert("请输入正确的数字 ");
        }
        if(key==4) {
        // 终止循环
         break;
        }
      }
    </script>
  </body>
</html>
```

【项目总结】

通过开发学生成绩等级划分、计算 1~100 的累加和和简易自动取款机模拟系统等任务主要学习 JavaScript 的选择结构、循环结构等流程控制语句,然后讲解了 break 和 continue 的使用,通过案例使学生熟练掌握 JavaScript 的流程控制语句。

【问题探索】

一、理论题

1. 简述 JavaScript 条件语句的语法格式。

2. 简述 JavaScript 循环语句的语法格式。

3. 简述 break 和 continue 的区别。

二、实操题

1. 显示用户数据：提示用户输入 1~100 之间的数，如果用户输入数据不在范围内，则提示"请输入 1-100 之间的数"，如果在范围内，则将用户输入的数据输出。

2. 不同的时间显示不同的问候语，如 8：00—11：00 显示"上午好"，11：00—13：00 显示"中午好"，13：00—17：00 显示"下午好"，其他时间显示"晚上好"。

3. 求 10！的值。

[拓展训练]

使用 JavaScript 输出正方形程序的开发，要求：

（1）如果用户输入的行数小于 10，则按照用户输入的行数输出正方形。

（2）如果用户输入的行数大于 20，则输出 20 行列的正方形。

项目四 计算器的实现

【春风化雨】

职业精神

职业精神包含以下方面：

1. 职业理想

社会主义职业精神所提倡的职业理想，主张各行各业的从业者，放眼社会利益，努力做好本职工作，全心全意为人民服务、为社会主义服务。

2. 职业态度

树立正确的职业态度是从业者做好本职工作的前提。

3. 职业责任

职业责任包括职业团体责任和从业者个体责任两个方面。

4. 职业技能

需要科学技术专家，而且迫切需要千百万受过良好职业技术教育的中、初级技术人员、管理人员、技工和其他具有一定科学文化知识和技能的熟练从业者。

5. 职业纪律

社会主义职业纪律是从业者在利益、信念、目标基本一致的基础上所形成的高度自觉的新型纪律。

6. 职业良心

职业技能是指通过课程学习和实践活动所获得的从事某种职业的专业知识和专业能力，包括完成工作的理论知识、技术要领、操作能力。职业技能是职业精神的基础，职业精神的体现以职业技能为前提。

7. 职业信誉

职业信誉是职业责任和职业良心的价值尺度，包括对职业行为的社会价值所做出的客观评价和正确的认识。

8. 职业作风

职业作风是职业精神在从业者职业生活中的习惯性表现。能把新的成员锻炼成坚强的从业者，使老的成员永远保持优良的职业品质。

计算机专业是一个要求精度和准度都十分高的专业，差一个符号都可能导致结果的千差万别，因此职业精神在计算机专业十分重要。计算机从业人员必须具备一丝不苟、精益求精的职业精神、工匠精神。工匠精神对于计算机专业来说,能够全方面培养学生对计算机知识的思考和运用能力,让学生在实际进行计算机运作时能够更加完善地完成任务,或者是减少错误、降低损失。工匠精神是一种职业素养,这种职业素养可以让计算机专业从业者获得更大的优势和竞争力,让他们在计算机这一职业上越走越远。

【学习目标】

(1)掌握函数的定义和调用方法。
(2)掌握函数的参数的合理使用方法。
(3)掌握返回值的设置。
(4)掌握变量的作用域。
(5)掌握系统函数的使用。
(6)培养精益求精的职业精神。

【项目描述】

通过开发简易计算器项目,引导学生掌握函数的定义、函数的调用和系统函数的使用。用户在页面输入第一个操作数和第二个操作数,单击相应操作符,将运算结果显示在计算结果文本框中,效果如图4-1所示。

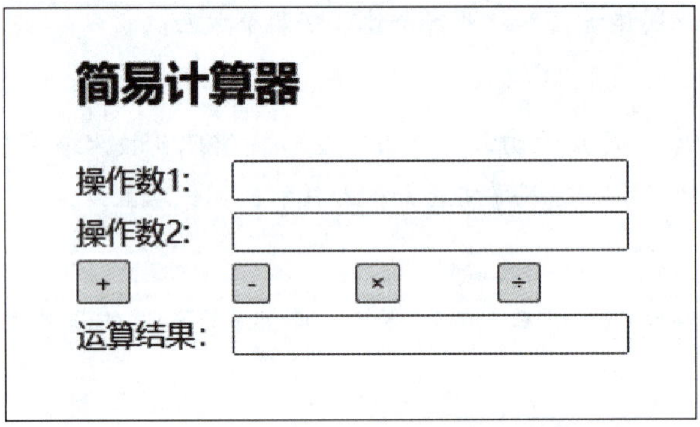

(a)输入操作数

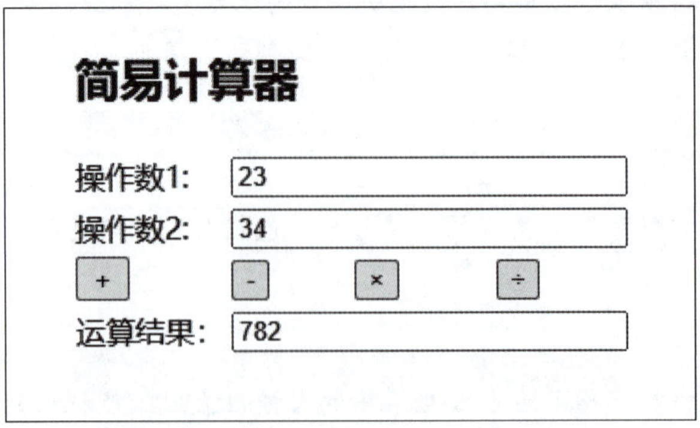

(b)运算结果

图4-1 简易计算器

【项目分析】

完成本项目的技术要点：
（1）获得操作数的值的方法。
（2）函数的定义方法。
（3）函数的调用方法。
（4）系统函数的使用。
（5）流程控制语句的使用。

任务 1　控制文字变化

一、任务描述

本任务要求学生使用 JavaScript 编写文字变化程序，用户选择不同的按钮，文字会发生不同的变化。效果如图 4-2 所示。

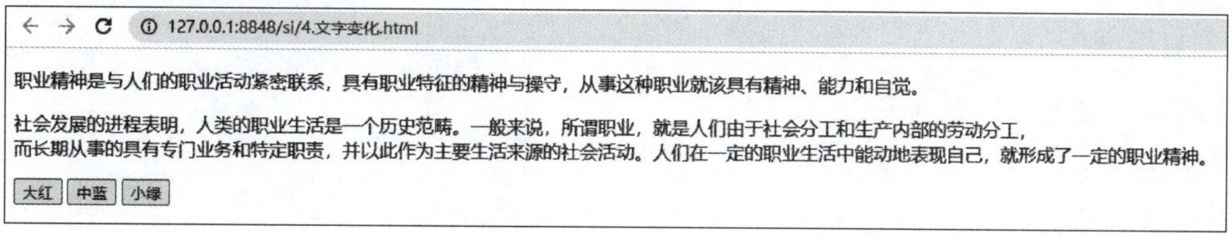

图 4-2　文字变化效果

二、函数的定义

在编写程序时，经常需要重复使用某段程序，如计算学生的平均成绩，如果每一个学生都编写一遍程序，这样显然是很麻烦的。再如，计算两个数之间的加法运算，操作数每发生一次变化就要编写一次加法程序，这也是比较麻烦的。所以，可以将经常使用的程序代码依照功能独立出来，即定义函数，再调用函数就可以解决相关问题了。

函数是 JavaScript 中常用的功能之一，使用函数可以避免相同功能代码的重复编写，将程序中的代码模块化，提高程序的可读性，减少开发者的工作量，便于后期维护。函数是完成特定任务的一段程序代码。

函数定义的语法格式：

```
function 函数名([参数1,参数2,...]){
    函数体;
    [return 返回值]
}
```

（1）function 是定义函数的 JavaScript 保留关键字。
（2）函数名是可以命名的，可以使用任何有效的标识符，一般为函数赋予一个"所见即所得"的函数名。
（3）函数可以不带参数或带多个参数，用于接收调用函数时传递的变量和值。在定义函数时的参数称为形式参数，形式参数必须在函数名之后，圆括号不能省略。如果有多个形式参数，形式参数之间用逗号分隔。

（4）函数体就是完成特定任务的一段程序代码。

（5）return 语句指定函数返回值，返回值可以是任意的常量、变量或者表达式。

[例 4-1] 函数定义案例。

代码如下：

```
function my_function(num1,num2){
    sum=num1+num2;
    return sum;
}
```

该函数的功能是计算两个数的和。函数在没有调用时，具体功能无法实现，所以函数必须调用才有实际意义。

三、函数的调用

函数定义之后，就可以使用该函数了，该过程称为函数调用。函数调用有三种方法：直接调用、事件调用、链接调用。

1. 直接调用

[例 4-2] 函数调用案例一。

代码如下：

```
<script>
    function my_function(num1,num2){
        sum=num1+num2;
        return sum;
    };
    console.log(my_function(3,4));          // 函数调用，输出结果为 7
</script>
```

2. 事件调用

[例 4-3] 函数调用案例二。

代码如下：

```
<!DOCTYPE html>
<html>
    <head>
    <meta charset="UTF-8">
    <title>事件调用函数</title>
        <script>
        var sum=0;
        function my_Function(num1,num2){
           sum=num1+num2;
            alert("两个数的和为 "+sum);
        }
        </script>
    </head>
    <body>
```

```
            <button onclick="my_Function(3,4)">计算</button>
    </body>
</html>
```

3. 链接调用

[例 4-4] 函数调用案例三。

代码如下:

```
<!DOCTYPE html>
<html>
    <head>
    <meta charset="UTF-8">
    <title>链接调用函数</title>
        <script>
        var sum=0;
        function my_Function(num1,num2){
            sum=num1+num2;
            alert("两个数的和为 "+sum);
        }
        </script>
    </head>
    <body>
        <a href="javascript: my_Function(3,4)">计算</a>
    </body>
</html>
```

四、函数的参数和返回值

1. 参数

函数在定义时如果声明了形式参数,那么在调用函数时必须为这些参数提供实际的参数,简称实参当调用函数时,实参和形参应一一对应,如果实参数量大于形参数量,那么最后一个实参就会被忽略,反之没有提供实际参数的形参运行结果为 undefined。

2. 返回值

函数是完成某种功能的程序代码,当这个函数完成了具体功能,如何根据函数的执行结果来决定下一步要做的事情呢?这就需要通过函数的返回值来更好地完成下一步功能开发。函数使用 return 语句返回值,程序在执行函数的过程中遇到了 return 语句时,就将不再执行该语句后面的程序代码,而是将控制权交给调用函数的程序。

[例 4-5] return 语句案例。

代码如下:

```
function max(x,y){
    var max=x>y?x:y;
    return max;
}

max(3,4);// 请思考运行结果
```

[例 4-6] 利用函数判断平闰年,同时获取指定年份的 2 月的天数。

代码如下:

```html
<!DOCTYPE html>
<html>
    <head>
        <meta charset="utf-8">
        <title></title>
        <script>
            // 编写判断平闰年函数
            function isLeap(year) {
                if(year%4==0 && year%100!=0 || year%400==0) {
                    return true;
                } else {
                    return false;
                }
            }
            // 根据平闰年结果显示2月天数
            function my_function() {
                var year=prompt("请输入年份","");
                if(isLeap(year)) {
                    alert('当前年份是闰年,2月份有29天');
                } else {
                    alert('当前年份是平年,2月份有28天');
                }
            }
            my_function();// 函数调用
        </script>
    </head>
    <body>
    </body>
</html>
```

通过浏览器测试运行结果如图 4-3 所示。

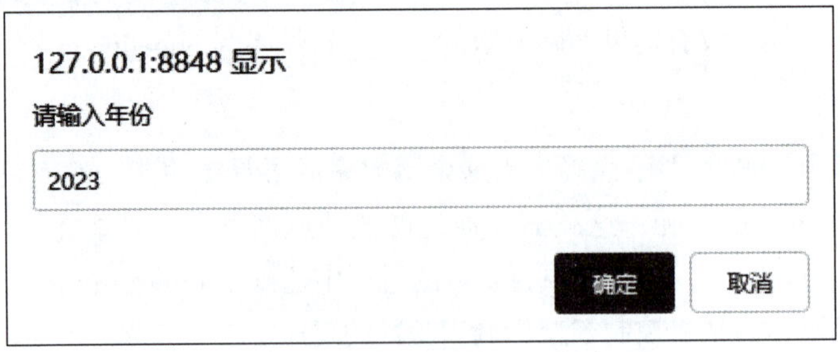

(a) 输入年份

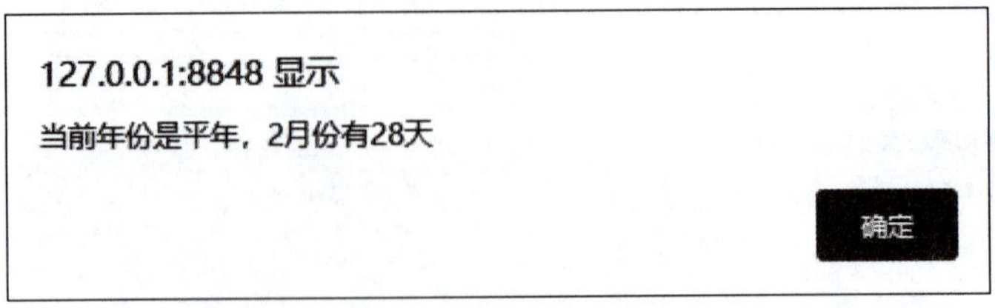

(b) 输出天数

图 4-3　指定年份输出 2 月天数效果图

五、任务实现

使用 JavaScript 开发文字变化程序。

具体操作步骤如下：

（1）启动代码编辑软件，新建页面。

（2）在页面中编写代码参考如下：

```
<!DOCTYPE html>
<html lang="en">
    <head>
        <meta charset="UTF-8">
        <title>文字变化</title>
        <script>
            // 函数定义
            function bian(ziHao,yanSe) {
                document.getElementById("wenben").style.
                fontSize=ziHao;
                document.getElementById("wenben").style.
                color=yanSe;
            }
        </script>
    </head>
    <body>
        <div id="wenben">
            <p>
                职业精神是与人们的职业活动紧密联系，具有职业特征的精神与操守，从事这种职业就该具有精神、能力和自觉。
            </p>
            <p>
                社会发展的进程表明，人类的职业生活是一个历史范畴。一般来说，所谓职业，就是人们由于社会分工和生产内部的劳动分工,</br>而长期从事的具有专门业务和特定职责，并以此作为主要生活来源的社会活动。人们在一定的职业生活中能动地表现自己，就形成了一定的职业精神。
            </p>
        </div>
        <input type="button" value=" 大红 " onclick="bian('28px','red');">
        <input type="button" value=" 中蓝 " onclick="bian('16px','blue');">
        <input type="button" value=" 小绿 " onclick="bian('12px','green');">
    </body>
</html>
```

（3）保存文件，注意文件路径。

（4）测试代码运行效果，查看显示结果。

任务 2　检查参数是否是非数字值

一、任务描述

使用 JavaScript 完成用于检查参数是否是非数字值的程序开发，效果如图 4-4 所示。

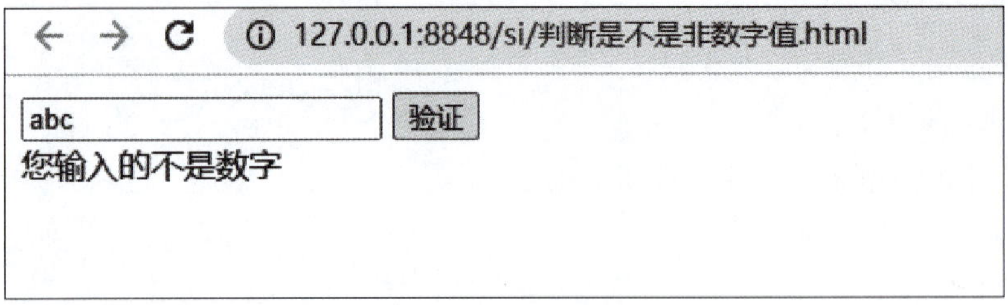

图 4-4　是否是非数字值效果图

二、变量的作用域

变量的作用域可以称为变量的生命周期，JavaScript 变量生命周期在它声明时初始化。在函数体内利用 var 关键字定义的变量称为局部变量，局部变量在函数执行完毕后销毁。不在任何函数体内声明的变量称为全局变量，全局变量在页面关闭后销毁。

[例 4-7] 变量作用域案例。

代码如下：

```
var num=10;                     // 全局变量
function my_function{
   var num=20;                  // 局部变量
   console.log(num);            // 判断输出结果
}
fn();
console.log(num);
```

三、系统函数

JavaScript 提供了大量的系统函数用于处理数据，这些函数不用定义，直接使用即可。

1. parseInt()

该函数可将数据类型为字符串转换成整数形式，可指定进制。

2. parseFloat()

该函数可将数据类型为字符串转换成小数形式，可指定进制。

3. eval()

该函数用于计算表达式的值。

4. IsNan()

该函数用于判断数据是否是数值型，如果不是返回 true，否则返回 false。

[例 4-8] 系统函数案例。

代码如下：

```
<!DOCTYPE html>
<html>
    <head>
        <meta charset="utf-8">
```

```
        <title>系统函数</title>
        <script>
            var num1='10abc';
            var num2=12.34;
            result=parseInt(num1)+parseInt(num2);
            document.write(result+"</br>");           //判断输出结果
            result=parseInt(num1)+parseFloat(num2);
            document.write(result);                    //判断输出结果
            result=eval(123+num2);
            document.write("</br>"+result);            //判断输出结果
            document.write("</br>"+isNaN(num1));       //判断输出结果
            document.write("</br>"+isNaN(num2));       //判断输出结果
        </script>
    </head>
    <body>
    </body>
</html>
```

运行结果如图 4-5 所示。

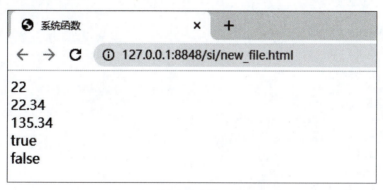

图 4-5　系统函数案例运行效果图

四、任务实现

使用 JavaScript 完成判断是否是非数字值的程序开发。
具体操作步骤如下：
（1）启动代码编辑软件，新建页面。
（2）在页面中编写代码，参考代码如下：

```
<!DOCTYPE html>
<html>
    <head>
        <meta charset="utf-8">
        <title>判断是不是非数字值</title>
        <script>
            //函数定义
            function isNum() {
                var x=document.getElementById("text1").value;
                if (isNaN(x)) {
                    document.getElementById("result").
```

```
                    innerHTML=" 您输入的不是数字 ";
                } else {
                    document.getElementById("result").
                    innerHTML=" 您输入的是数字 ";
                }
            }
        </script>
    </head>
    <body>
        <input type="text" id="text1">
        <button type="button" onclick="isNum()"> 验证 </button><br />
        <span id="result"></span>
    </body>
</html>
```

（3）保存文件，注意文件路径。

（4）测试代码运行效果，查看显示结果。

【项目实施】

使用 JavaScript 开发简易计算器。

参考代码如下：

```
<!DOCTYPE html>
<html>
    <head>
        <meta charset="utf-8" />
        <title> 简易计算器 </title>
        <style>
            div{
                margin: 0 auto;
                width: 350px;
                height: 350px;
            }
        </style>
        <script type="text/javascript">
            function compute(obj) {
                var num1=parseFloat(document.getElementById
                ("Num1").value);
                var num2=parseFloat(document.getElementById
                ("Num2").value);
                switch (obj) {
                    case "+":
                        document.getElementById("Result").
                        value=num1+num2;
                        break;
                    case "-":
                        document.getElementById("Result").
                        value=num1 - num2;
                        break;
                    case "*":
                        document.getElementById("Result").
```

```
                    value=num1 * num2;
                    break;
                case "/":
                    document.getElementById("Result").
                    value=num1 / num2;
                    break;
            }
        }
    </script>
</head>
<body>
    <div>
        <form action="" method="post">
            <table border="0">
                <tr>
                    <td colspan="4">
                        <h2>简易计算器</h2>
                    </td>
                </tr>
                <tr>
                    <td>操作数 1:</td>
                    <td colspan="3"><input name="Num1"
                    type="text" id="Num1" size="25"></td>
                </tr>
                <tr>
                    <td>操作数 2:</td>
                    <td colspan="3"><input name="Num2"
                    type="text" id="Num2" size="25"></td>
                </tr>
                <tr>
                    <td><input name="add" type="button" id="add" value="-" onClick="compute('+')">
                    </td>
                    <td><input name="sub" type="button" id="sub" value="-" onClick="compute('-')">
                    </td>
                    <td><input name="mul" type="button" id="mul" value="×" onClick="compute('*')">
                    </td>
                    <td><input name="div" type="button" id="div" value="÷" onClick="compute('/')">
                    </td>
                </tr>
                <tr>
                    <td>运算结果:</td>
                    <td colspan="3"><input name="Result" type="text" id="Result" size="25"></td>
                </tr>
            </table>
        </form>
    </div>
```

```
        </body>
</html>
```

【项目总结】

通过开发文字变化、判断非数字值和计算器主要介绍函数的定义、调用和函数的参数和返回值,并通过实战熟练掌握函数的应用。

【问题探索】

一、理论题

1. 简述 JavaScript 函数定义的语法格式。
2. 简述 JavaScript 函数调用的语法格式。
3. 简述 JavaScript 常用的系统函数。

二、实操题

1. 编写一个可以接收三个参数的函数,该函数返回这三个数中的最大值,调用此函数。
2. 编写一个函数,输出 2000—2100 年间所有的闰年。
3. 编写一个函数,在页面上编程输出 100~1 000 之间的所有素数,并要求每行显示六个素数。

【拓展训练】

编写一个带一个参数(指定显示多少层星号"*")的函数,它在页面上输出的一个 5 层星号"*"图案如下所示。其中,每行的星号"*"之间有一个空格间隔。

```
        *
       * *
      * * *
     * * * *
    * * * * *
```

项目五 内置对象特效开发

【春风化雨】

全民国家安全教育日

1. "全民国家安全教育日"设立背景

全民国家安全教育日是为了增强全民国家安全意识，维护国家安全而设立的节日。2015年7月1日，第十二届全国人民代表大会常务委员会第十五次会议通过《中华人民共和国国家安全法》，其中规定每年4月15日为全民国家安全教育日。

2. 什么是国家安全？

2015年7月1日施行的《中华人民共和国国家安全法》明确指出：国家安全是指国家政权、主权、统一和领土完整、人民福祉、经济社会可持续发展和国家其他重大利益相对处于没有危险和不受内外威胁的状态，以及保障持续安全状态的能力。

3. 如何维护国家安全？

（1）拾获属于国家秘密的文件、资料和其他物品，应当及时送交有关机关、单位或保密工作部门。

（2）发现有人买卖属于国家秘密的文件、资料和其他物品，应当及时报告保密工作部门或者国家安全机关、公安机关处理。

（3）发现有人盗窃、抢夺属于国家秘密的文件、资料和其他物品，有权制止，并应当立即报告。

（4）发现泄露或可能泄露国家秘密的线索，应当及时向国家安全机关举报。

【学习目标】

（1）理解基于对象的程序设计思想。

（2）掌握JavaScript的常用内置对象的使用方法。

（3）掌握JavaScript的数组的创建方法。

（4）掌握String对象、Date对象、Math对象常用的属性和方法。

（5）培养学生维护国家安全意识。

【项目描述】

完成用户注册页面的验证,按提示要求进行输入,如果输入有误,在文本框后面提示错误信息,只有输入格式全部正确,才能够提交成功。页面效果如图 5-1 所示。

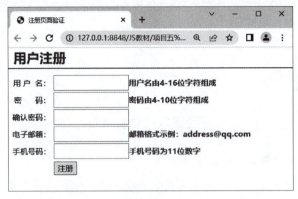

图 5-1　学生个人信息页面

【项目分析】

完成本项目的技术要点:

(1)用户名由 4 ~ 16 位字符组成,且不能为空,加载页面时提示相应信息。

(2)密码由 4 ~ 10 位字符组成,且不能为空,加载页面时提示相应信息。密码和确认密码必须一致。

(3)电子邮箱不能为空,且必须包含"@"符号和"."符号,且"@"符号必须在"."符号前面。

(4)手机号码不能为空,必须是 11 位数字,且由 1 开头。

(5)全部信息均满足条件后单击"注册"按钮,提示注册成功。

任务 1　电子邮箱格式的简单验证

一、任务描述

完成电子邮箱格式的简单验证,引导学生注意电子邮箱的格式,电子邮箱要包含 @,电子邮箱要包含 "." 且在 @ 后面,电子邮箱不能为空。验证效果如图 5-2~图 5-4 所示。

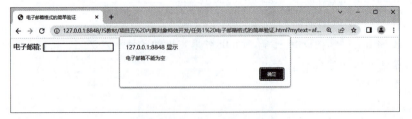

图 5-2　电子邮箱为空验证效果

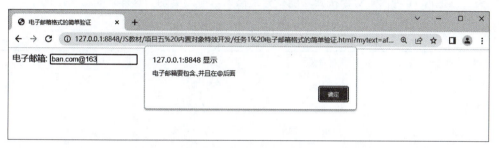

图 5-3　电子邮箱不包含 @ 验证效果

图 5-4　电子邮箱 "@" 在 "." 的后面验证效果

二、JavaScript 对象简介

1. JavaScript对象的概念

1）对象的基本概念

对象（object）是 JavaScript 的核心概念，也是最重要的数据类型。JavaScript 的所有数据都可以被视为对象。简单说，所谓对象，就是一种无序的数据集合。JavaScript 中的对象是对客观事物或事物之间关系的描述，可以是一段文字、一幅图片、一个表单，每个对象都有自己的属性、方法和事件。

2）面向对象语言有三大特性

（1）封装性：可以将属性和方法组合起来定义为对象；

（2）继承性：从已有的对象继承、添加、修改属性和方法；

（3）多态性：可以定义同名的多种方法，根据输入参数自动匹配相应的对象方法。

JavaScript 是一种基于对象的语言，在面向对象上它不像 Java 那样要求严格，相对比较灵活。在大部分情况下，JavaScript 的类和对象是可相互转换的概念。JavaScript 对象由两部分组成，一部分是一组对象包含各种类型数据的属性，另一部分是对属性中的数据进行操作的方法。对象是由属性和方法封装而成的，它是 JavaScript 中最重要的元素。

2. JavaScript包含的对象

（1）内置对象：是 JavaScript 自带的供开发者使用的对象，提供了一些常用的属性和方法。

（2）自定义对象：JavaScript 是一种脚本语言，可以用来创建自定义对象。

（3）浏览器对象：JavaScript 可以获取浏览器提供的很多对象，并进行操作。

（4）ActiveX 对象：JavaScript 中 ActiveX 对象是启用并返回 Automation 对象的引用。

其中，内置对象是 JavaScript 的核心对象。在 JavaScript 中，有 11 种内置对象，分别是数组 Array 对象、字符串 String 对象、日期 Date 对象、数学 Math 对象、逻辑 Boolean 对象、数字 Number 对象、函数 Function 对象、全局 Global 对象、错误 Error 对象、正则表达式 RegExp 对象，以及自定义 Object 对象。在 JavaScript 中除了 null 和 undefined 以外，其他数据类型都被定义成了对象。特别强调的是，也可以用创建对象的方法来定义变量。

3. 内置对象的分类

从表 5-1 中可以看到，按大类来分，内置对象可以分成数据对象类、组合对象类以及高级对象类，再把这 11 种内置对象按其功能，分别插入对应的类别，这样就非常清晰明了。

表 5-1　内置对象的分类

类　　型	内置对象	介　　绍
数据对象	Number	数字对象
	String	字符串对象
	Boolean	布尔值对象
组合对象	Array	数组对象
	Math	数学对象
	Date	日期对象
高级对象	Object	自定义对象
	Error	错误对象
	Function	函数对象
	RegExp	正则表达式对象
	Global	全局对象

视　频

Number
对象

三、Number（数字）对象

1. Number对象的概念

在 JavaScript 中，Number 对象也称数字对象，是用于处理数字类型的对象。Number 对象具有用于格式化数值的各种功能，并且可以释放用于表达诸如最大值、最小值、数值类型的无穷大或无限等值的各种属性和方法。Number 对象用于处理整数、浮点数等数值，常用的属性见表 5-2，常用的方法见表 5-3。

表 5-2　Number 对象常用的属性

属　　性	说　　明
MAX_VALUE	可表示的最大的数
MIN_VALUE	可表示的最小的数
NaN	非数字值
NEGATIVE_INFINITY	负无穷大，溢出时返回该值
POSITIVE_INFINITY	正无穷大，溢出时返回该值

属性 MAX_VALUE 作用是在 JavaScript 中所能表示的最大数值，它是一个静态属性。MIN_VALUE 作用是在 JavaScript 中所能表示的最小正值，它也是一个静态属性。

表 5-3　Number 对象常用的方法

方　　法	说　　明
toString	把数字转换为字符串
toLocaleString	把数字转换为字符串
toFixed	把数字转换为字符串，结果的小数点后有指定位数的数字
toExponential	把对象的值转换为指数记数法
toPrecision	把数字格式化为指定的长度
valueOf	返回一个 Number 对象的基本数字值

2. Number对象的使用

（1）创建 Number 对象，检查数据类型。

```
var num1=new Number(123);
console.log(typeof(num1));
```

（2）将数字转换为字符串。

```
var num1=1337;
var num2=num1.toString();
console.log(num2);
console.log(typeof(num2));
```

（3）获取最多 5 个小数位。

```
var num1=new Number(123.456789);
console.log(num1.toFixed(5));
```

（4）获取最多 5 位数，包括整数部分。

```
var num1=new Number(123.456789);
console.log(num1.toPrecision(5)); //123.46
```

3. NaN是什么

NaN 非数字是用于表示无法用数字表示的结果的特殊值。例如，当执行诸如"0 除以 0"的非法操作时，返回 NaN。

```
var x=1000 / "Apple";
isNaN(x); //返回 true
var y=100 / "1000";
isNaN(y); //返回 false
```

除以 0 是无穷大，无穷大是一个数字：

```
var x=1 000 / 0;
isNaN(x); // 返回 false
```

四、String（字符串）对象

1. String对象的概念

String 字符串是 JavaScript 的一种基本数据类型，String 对象可用于处理或格式化文本字

视 频

String 对象

符串的对象。可以使用 String 对象提供原始字符串的长度属性和大量的字符串操作方法。例如，提取字符或子字符串。在 JavaScript 中类型的转换非常灵活，在对字符串的属性或方法进行访问时，JavaScript 首先会在内部为这个字符串创建一个字符串对象，然后用字符串对象代替字符串进行操作。

2. String 字符串对象的创建

创建字符串对象有两种方法。

（1）自动创建字符串对象，用 var 关键字声明。

```
var str1="hello world";
```

调用字符串的对象属性或方法时自动创建对象，用完就丢弃。

（2）手工创建字符串对象，通过 new 关键字来创建。

```
var str1=new String("hello word");
```

采用 new 创建字符串对象 str1，全局有效。

3. String 对象的常见属性和方法

String 的常见属性和方法见表 5-4。

表 5-4　String 对象的常见属性和方法

属性和方法	名　　称	说　　明
属性	length	返回字符串的长度
方法	toUpperCase()	将字符串转换成大写
	toLowerCase()	将字符串转换成小写
	charAt(index)	返回指定位置的字符
	indexOf(" 子字符串 "，起始位置)	返回某个指定的字符串值在字符串中首次出现的位置
	lastIndexOf(" 子字符串 "，起始位置)	返回一个指定的字符串值最后出现的位置
	replace(" 字符串 1"，" 字符串 2")	使用字符串 2 替换字符串 1
	split()	把字符串分割为字符串数组
	substr(start, length)	在字符串中抽取从 start 下标开始的指定数目的字符
	substring(start, stop)	用于提取字符串中介于两个指定下标之间的字符
	concat()	合并字符串，返回合并结果
	trim()	去除字符串两边的空白

[例 5-1] String 方法的使用。

代码如下：

```
<!DOCTYPE html>
<html lang="en">
    <head>
        <title>String 方法的使用 </title>
        <meta charset="utf-8"/>
        <script type="text/javascript">
            // 1. 创建 String 对象
```

```
            var str1="明日复明日，明日何其多。我生待明日，万事成蹉跎。";
                            // 长度为 24
            var str2=new String("明日歌");// 长度为 3
            // 2.字符串长度属性
            document.write("str1 的长度："+str1.length+"<br>");
            document.write("str2 的长度："+str2.length+"<br>");
            // 3.转换字符串
            var str3="hello";
            var str4="JAVASCRIPT";
            str3=str3.toUpperCase();
            document.write("str3 转换为大写："+str3+"<br>");
            str4=str4.toLowerCase();
            document.write("str4 转换为小写："+str4+"<br>");
            // 4.查找字符串
            document.write("str1 在索引位置为 3 的字符是："+str1.charAt(3)+"<br>");
            document.write("返回明日字符串在 str1 中的首次出现位置："+str1.indexOf("明日")+"<br>");
            document.write("返回明日字符串在 str1 中的最后一次出现位置： "+str1.lastIndexOf("明日")+"<br>");
            // 5.截取字符串
            document.write("在 str1 中取字符串，从 6 开始取，取出 2 个："+str1.substr(6,2)+"<br>");
            document.write("在 str1 中取字符串，从 6 开始取到 10 之前："+str1.substring(6,10)+"<br>");
            // 6.替换字符串
            document.write("用事事替换万事： "+str1.replace("万事","事事")+"<br>");
        </script>
    </head>
    <body>
    </body>
</html>
```

实现效果如图 5-5 所示。

图 5-5 String 对象方法的使用

[例 5-2] 验证文件扩展名。

代码如下：

```html
<html>
    <head>
        <title>验证文件扩展名</title>
        <meta charset="utf-8"/>
        <script type="text/javascript">
            function showpic(){
                var url=document.myform.myfile.value;
                var index=url.lastIndexOf(".");
                var str=url.substring(index+1,url.length).toLowerCase();
                switch(str)
                {
                    case "jpg":
                    case "png":
                    case "gif":
                    case "bmp":
                        alert(" 你的上传是图片文件 ");
                        break;
                    default:
                        alert(" 文件格式不正确 ");
                        break;
                }
            }
        </script>
    </head>
    <body>
        <form name="myform">
            <input type="file" name="myfile" >
            <input type="button" name="button" value=" 验 证 " onclick="showpic()">
        </form>
    </body>
</html>
```

实现效果如图 5-6 所示。

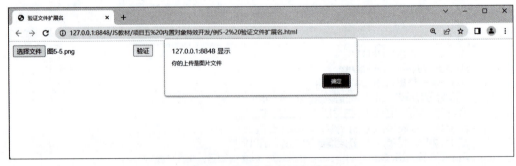

图 5-6　验证文件扩展名效果

五、任务实现

完成电子邮箱格式的简单验证。

任务分析：

（1）电子邮箱不能为空。

（2）电子邮箱要包含 @。

（3）电子邮箱要包含 "." 且在 @ 后面。

（4）String 对象中的 indexOf() 方法。

具体操作步骤如下：

（1）启动代码编辑软件，新建页面；

（2）在页面中编写代码，参考代码如下：

视 频

电子邮箱格式
的简单验证

```
<!DOCTYPE html>
<html lang="en">
<head>
    <meta charset="UTF-8">
    <title>电子邮箱格式的简单验证</title>
    <script type="text/javascript">
        function email()
        {
            var str=document.myform.mytext.value;
            var index=str.indexOf("@",1);
            if(str.length==0)
            {
                alert("电子邮箱不能为空");
            }
            else
            {
                if(str.indexOf("@",1)==-1)
                {
                    alert("电子邮箱要包含@");
                }
                else
                   {
                       if(str.indexOf(".",index)==-1)
                       {
                           alert("电子邮箱要包含.,并且在@后面");
                       }
                   }
            }
        }
    </script>
</head>
<body>
    <form name="myform">
    电子邮箱：<input type="text" name="mytext" onblur="email()">
    </form>
</body>
</html>
```

（3）保存文件，注意文件路径。
（4）测试代码运行效果，查看显示结果。

任务 2　随机数的产生

一、任务描述

完成在网页上随机输出 1~100 的数字，单击"开始"按钮，产生随机数，单击"暂停"按钮停止产生随机数，引导学生如何实现随机输出。页面效果如图 5-7 所示。

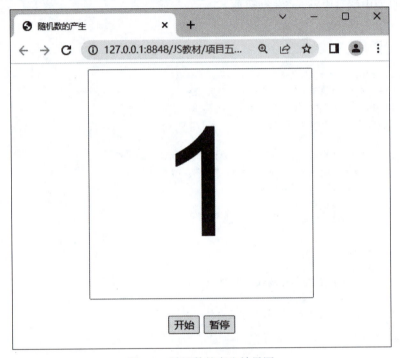

图 5-7　随机数的产生效果图

二、Math（算术）对象

1. Math对象作用

Math（算术）对象的作用是：执行普通的算术任务。Math 对象允许对数字执行数学任务。Math 对象是一个内置对象，它为数学常量和数学函数提供了属性和方法，而不是一个函数对象。与其他全局对象不同的是，Math 不是一个构造器，Math 的所有属性和方法都是静态的。

2. Math对象的属性

Math 对象的属性是数学中常用的常量，Math 对象的所有属性和方法都是静态的，使用该对象时，不需要对其进行创建。Math 对象常用的属性见表 5-5。

表 5-5 Math 对象常用的属性

属　　性	说　　明
Math.E	自然对数的底
Math.LN2	2 的自然对数
Math.LN10	10 的自然对数
Math.LOG2E	以 2 为底的自然常数 e 的对数
Math.LOG10E	以 10 为底的自然常数 e 的对数
Math.PI	圆周率
Math.SQRT1_2	1/2 的算术平方根
Math.SQRT2	2 的算术平方根

3. Math对象的方法

Math 对象还提供了一些常用的数学方法，见表 5-6。

表 5-6 Math 对象的常用方法

方　　法	作　　用
abs(x)	获取 x 的绝对值，可传入普通数值或是用字符串表示的数值
max([value1[，value2，...]])	获取所有参数中的最大值
min([value1[，value2，...]])	获取所有参数中的最小值
pow(base，exponent)	获取基数（base）的指数（exponent）次幂
sqrt(x)	获取 x 的算术平方根
ceil(x)	获取大于或等于 x 的最小整数，即向上取整
floor(x)	获取小于或等于 x 的最大整数，即向下取整
round(x)	获取 x 的四舍五入后的整数值
random()	获取大于或等于 0.0 且小于 1.0 的随机值

三、Math 对象常用方法的应用

1. Math. ceil(x)

返回 x 的向上取整。

```
var a=Math.ceil(9.1);
var b=Math.ceil(-9.1);
console.log(a);         //10
console.log(b);         //-9
```

2. Math. floor(x)

返回 x 的向下取整。

```
var a=Math.floor(9.1);
```

```
var b=Math.floor(-9.1)
console.log(a);          //9
console.log(b);          //-10
```

3. Math.round(x)

返回 x 四舍五入后的整数。

```
var a=Math.round(4.5);
console.log(a);          //5
```

4. Math.abs(x)

返回 x 的绝对值。

```
var a=Math.abs(-2);
console.log(a)           //2
```

5. Math.max()

返回多个数值中的最大值。

```
var a=Math.max(5,7,8,3,1,-10,100);
console.log(a);          //100
```

6. Math.min

返回多个数值中的最小值。

```
var a=Math.min(5,7,8,3,1,-10,100);
console.log(a);          //-10
```

7. Math.pow(x, y)

返回 x 的 y 次幂。

```
var a=Math.pow(3,2);
console.log(a);          //9
```

8. Math.random()

返回一个 0~1 之间的随机数。

```
var a=Math.random();
console.log(a);          //0.27254510880447924
```

四、定时器函数

JavaScript 提供定时执行代码的功能，称为定时器（timer）。JavaScript 定时器有时也称"计时器"，用来在经过指定的时间后执行某些任务，类似于生活中的闹钟。在 JavaScript 中，可以利用定时器来延迟执行某些代码，或者以固定的时间间隔重复执行某些代码。例如，可以使用定时器定时更新页面中的广告或者显示一个实时时钟等。JavaScript 定时器主要由 setTimeout() 和 setInterval() 这两个方法来完成，它们向任务队列添加定时任务。

1. setTimeout()的用法

setTimeout() 方法用来在指定时间后执行某些代码，代码仅执行一次。

etTimeout() 方法的语法格式如下：

```
var timer=window.setTimeout("调用的函数","定时的毫秒数");
```

注：返回值 timer 为引用变量名。

clearTimeout() 方法：清除定时操作，该方法的唯一参数就是引用的变量名。

例如：
```
var  timer=setTimeout("disptime()",1000 );
clearTimeout(timer);
```

2. setInterval()的用法

setInterval() 方法可以定义一个能够重复执行的定时器，每次执行需要等待指定的时间间隔。

clearInterval() 方法：清除计时器。

例如：
```
var timer=setInterval("showTime()",1 000);
clearInterval(timer);
```

3. 两者区别

（1）setInterval()：用于设定时间间隔，用于按某个指定时间间隔去周期触发某个事件。激活后就会重复执行，直到关闭为止（clearInterval），所以一般放在函数体外。

（2）setTimeout()：用于设置某事件的超时，即在设定的时间来到时触发某指定的事件。激活后只会执行一次，所以一般放在函数体内。

五、任务实现

随机数的产生

完成在网页上随机数的产生。

任务分析：

（1）开始随机功能。

①产生一个 1~100 的随机整数。

```
var num=Math.floor(Math.random()*100+1);
```

②使用计时器，每 50 ms 产生一个随机数并将值赋给 text，实现数字滚动，timer 应该定义为全局变量，因为需要在另一个按钮单击事件中结束该计时器。

```
timer=setTimeout("numstart()",50);
```

（2）结束计时器，显示最终结果。

将计时器结束：

```
clearTimeout(timer);
```

具体操作步骤如下：

（1）启动代码编辑软件，新建页面。

（2）在页面中编写代码，参考代码如下：

```
<html>
    <head>
        <meta charset="utf-8">
```

```html
        <title>随机数的产生</title>
        <style type="text/css">
        .mytext
        {
           width:300px;
           height:300px;
           font-size:200px;
           text-align:center;
        }
        </style>
        <script>
           var timer;
           function numstart(){
               var num=Math.floor(Math.random()*100+1);
                            //产生1-100之间的整数
               document.getElementById('numtext').value=num;
               timer=setTimeout('numstart()',50);
           }
           function numstop(){
               clearTimeout(timer);
           }
        </script>
    </head>
    <body>
        <center>
           <form name="myform">
               <input type="text" id="numtext" value="1" class="mytext"><br><br>
               <input type="button"value=" 开始 " onclick="numstart()">
               <input type="button"value=" 暂停 " onclick="numstop()">
           </form>
        </center>
    </body>
</html>
```

（3）保存文件，注意文件路径。

（4）测试代码运行效果，查看显示结果。

任务 3　根据不同时间段显示问候语

一、任务描述

完成在网页上输出系统日期时间，并且通过当前的时间进行问候，引导学生如何实现日期时间输出。页面效果如图 5-8 所示。

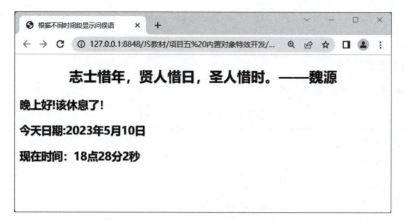

图 5-8　根据不同时间段显示问候语效果

二、Date（日期）对象

1. Date对象的概念

在 JavaScript 中，Date 对象用来实现对日期和时间的控制。例如，想要在页面上显示计时时钟，就需重复生成新的 Date 对象来获取计算机的当前时间。Date 对象提供了丰富的方法来对这些值进行操作。另外，Date 对象存储的日期是从 1970 年 1 月 1 日 00：00：00 以来的毫秒数。

视　频

Date 对象

2. Date对象的创建

在使用 Date 对象类时，必须先使用 new 关键字创建一个 Date 对象。创建 Date 对象的常见方式有以下四种。

（1）创建当前时刻的 Date 对象。

```
var today=new Date();
```

（2）创建指定日期的 Date 对象。

```
var time=new Date("2023-5-1");
var time=new Date("2023/5/1");
var time=new Date("2023,5,1");
```

上面的参数都指 2023 年 5 月 1 日，而且这个对象的时、分钟、秒、毫秒值都为 0，这三种参数的区别在于使用不同的连接符号表示日期,指定的日期以字符串的方式表示。除此之外，还可以不以字符串的形式出现，而是以数字的方式表示。

（3）创建指定日期和时间的 Date 对象。

```
var time=new Date("2023,5,1,10:20:30:50");
var time=new Date(2023,5,1,10,20,30,50);
```

具体表示年、月、日、时、分、秒、毫秒，如上例即 2023 年 5 月 1 日 10 时 20 分 30 秒 50 毫秒。创建时参数可以是字符串也可以是数字。

（4）通过时间戳创建 Date 对象。

```
var time=new Date(milliseconds);
```

表示创建一个新的 Date 对象,其中 milliseconds 为从 1970 年 1 月 1 日 0 时到指定日期之间的毫秒总数。

3. Date对象的方法

(1) Date 方法的参数见表 5-7。

表 5-7　Date 方法的参数

参　　数	值
Seconds 和 minutes	0~59
Hours	0~23
Day	0~6(星期几)
Date	1~31(月份中的天数)
Months	0~11(一月至十二月)

(2) Date 对象的 set 方法见表 5-8。

表 5-8　set 方法

方　　法	说　　明
setDate	设置 Date 对象中月份中的天数,其值介于 1~31 之间
setHours	设置 Date 对象中的小时数,其值介于 0~23 之间
setMinutes	设置 Date 对象中的分钟数,其值介于 0~59 之间
setSeconds	设置 Date 对象中的秒数,其值介于 0~59 之间
setTime	设置 Date 对象中的时间值
setMonth	设置 Date 对象中的月份,其值介于 1~12 之间

(3) Date 对象的 get 方法见表 5-9。

表 5-9　get 方法

方　　法	说　　明
getDate	返回 Date 对象中月份中的天数,其值介于 1~31 之间
getDay	返回 Date 对象中的星期几,其值介于 0~6 之间
getHours	返回 Date 对象中的小时数,其值介于 0~23 之间
getMinutes	返回 Date 对象中的分钟数,其值介于 0~59 之间
getSeconds	返回 Date 对象中的秒数,其值介于 0~59 之间
getMonth	返回 Date 对象中的月份,其值介于 0~11 之间
getFullYear	返回 Date 对象中的年份,其值为四位数
getTime	返回自某一时刻(1970 年 1 月 1 日)以来的毫秒数

[例 5-3] Date 对象 get 方法应用。

代码如下:

```
<!DOCTYPE html>
```

```html
<html>
    <head>
        <meta charset="utf-8">
        <title>Date 对象 get 方法应用 </title>
        <script>
            var now=new Date();
            document.write(' 当前系统时间是 :'+now.toLocaleString()+'<br>');

            var year=now.getFullYear();// 年
            var month=now.getMonth()+1;// 月 (0-11)
            var day=now.getDate();// 日
            var dayweek=now.getDay();// 星期几
            var hour=now.getHours();// 小时
            var minute=now.getMinutes();// 分
            var second=now.getSeconds();// 秒

            document.write(' 年 :'+year+'<br>');
            document.write(' 月 :'+month+'<br>');
            document.write(' 日 :'+day+'<br>');
            document.write(' 星期几 :'+dayweek+'<br>');
            document.write(' 小时 :'+hour+'<br>');
            document.write(' 分 :'+minute+'<br>');
            document.write(' 秒 :'+second+'<br>');
        </script>
    </head>
    <body>
    </body>
</html>
```

实现效果如图 5-9 所示。

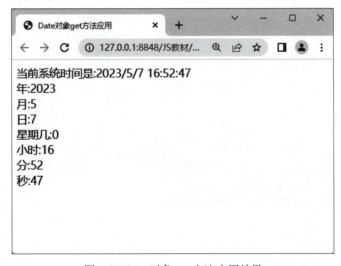

图 5-9 Date 对象 get 方法应用效果

[例 5-4] 显示当前系统日期时间星期。

代码如下：

```
<!DOCTYPE html>
```

```html
<html>
    <head>
        <meta charset="utf-8">
        <title>显示当前系统日期时间星期</title>
        <script>
            var today=new Date();
            // 下面显示当前的日期
            var year=today.getFullYear();
            var month=today.getMonth()+1;
            // 注意getMonth()返回的月份是从0开始计算的，所以加1后的值才是当前的月份
            var day=today.getDate();
            var week=today.getDay();
            switch(week)
             { case 0: week=" 星期日 ";break;
               case 1: week=" 星期一 ";break;
               case 2: week=" 星期二 ";break;
               case 3: week=" 星期三 ";break;
               case 4: week=" 星期四 ";break;
               case 5: week=" 星期五 ";break;
               case 6: week=" 星期六 ";break;
             }
            document.write(" 今 天 是 "+year+" 年 "+month+" 月 "+day+" 日 "+week+"<br>");
            // 下面显示当前的时间
            var hour=today.getHours();
            var minute=today.getMinutes();
            var second=today.getSeconds();
            var ms=today.getMilliseconds();
            document.write(" 现在是北京时间 "+hour+" 点 "+minute+" 分 "+second+" 秒 "+ms+" 毫秒 <br>");
        </script>
    </head>
    <body>
    </body>
</html>
```

实现效果如图5-10所示。

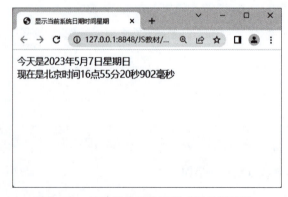

图5-10　显示当前系统日期时间星期效果

三、任务实现

完成根据不同时间段显示问候语。

视 频

根据不同时间段显示问候语

任务分析：

（1）显示系统时间。

（2）判断时间是上午、中午、下午还是晚上。

（3）Date 对象中的 getFullYear() 方法、getMonth() 方法、getDate() 方法以及获取小时分钟方法。

具体操作步骤如下：

（1）启动代码编辑软件，新建页面。

（2）在页面中编写代码，参考代码如下：

```
<!DOCTYPE html>
<html>
    <head>
        <meta charset="utf-8">
        <title>根据不同时间段显示问候语</title>
    </head>
    <body>
        <h2 style="text-align: center;">志士惜年，贤人惜日，圣人惜时。——魏源</h2>
        <script>
            var now=new Date();
            var year=now.getFullYear();
            var month=now.getMonth()+1;
            var date=now.getDate();
            var hour=now.getHours();
            var m=now.getMinutes();
            var s=now.getSeconds();
            if(hour<12){
                document.write("<h3>上午好！欢迎登录系统！</h3>");
            }else if(hour<14){
                document.write("<h3>中午好！该休息了！</h3>");
            }else if(hour<18){
                document.write("<h3>下午好！欢迎登录系统！</h3>");
            }else if(hour<22){
                document.write("<h3>晚上好！该休息了！</h3>");
            }
            else {
                document.write("<h3>夜里好！注意休息！</h3>")
            }
            document.write('<h3>今 天 日 期：'+year+' 年 '+month+' 月 '+date+' 日 </h3>');
            document.write('<h3>现在时间：'+hour+' 点 '+m+' 分 '+s+' 秒 </h3>');
        </script>
    </body>
</html>
```

（3）保存文件，注意文件路径。
（4）测试代码运行效果，查看显示结果。

任务 4　轮播图特效的制作

一、任务描述

完成网页上轮播图特效的制作，图片可以自动播放，也可以通过上一页、下一页按钮进行播放，使用六张世界名胜的图片，引导学生如何实现图片的轮播。页面效果如图 5-11 所示。

图 5-11　轮播图特效的制作效果

二、Array（数组）对象

Array 对象

1. 数组的概念

数组是在内存中保存一组数据的集合。实质上数组也是一种变量，不过这个变量同其他变量只能保存一个值不同，数组变量能够保存多个值，这也是数组变量同其他变量本质的区别。数组变量的多值性相当于一个数组变量可以包含多个子变量，而每个子变量与普通变量一样，可以被赋值，也可以从中取值。为了区别数组变量和普通变量，把数组的子变量称为数组元素变量（简称数组元素）。另外，把数组中数组元素的个数称为数组大小（或数组长度）。

数组对象是使用单独的变量名来存储一系列值。如果有一组数据（如车名字），存在单独变量如下所示：

```
var car1="Saab";
var car2="Volvo";
var car3="BMW";
```

然而，如果想从中找出某一辆车，并且不是 3 辆，而是 300 辆呢？这将不是一件容易的事。此时最好的方法就是用数组。数组可以用一个变量名存储所有的值，并且可以用变量名访问任何一个值。数组中的每个元素都有自己的 ID，以便可以容易地被访问到。

2. 创建一个数组

创建一个数组有三种方法。下面的代码定义了一个名为 myCars 的数组对象。

1)常规方式

```
var myCars=new Array();
myCars[0]="Saab";
myCars[1]="Volvo";
myCars[2]="BMW";
```

2)简洁方式

```
var myCars=new Array("Saab","Volvo","BMW");
```

3)字面方式

```
var myCars=["Saab","Volvo","BMW"];
```

3. 访问数组

通过指定数组名以及索引号码,可以访问某个特定的元素。

以下代码可以访问 myCars 数组的第一个值:

```
var name=myCars[0];
```

以下代码可以修改数组 myCars 的第一个元素:

```
myCars[0]="Opel";
```

注:[0] 是数组的第一个元素。[1] 是数组的第二个元素。

在一个数组中可以有不同的对象,所有的 JavaScript 变量都是对象。因此,可以在数组中有不同的变量类型。

可以在一个数组中包含对象元素、函数、数组:

```
myArray[0]=Date.now;
myArray[1]=myFunction;
myArray[2]=myCars;
```

[例 5-5] 数组的创建。

实现代码如下:

```
<!DOCTYPE html>
<html>
    <head>
        <meta charset="utf-8">
        <title>数组的创建</title>
        <script type="text/javascript">
            // 1.常规方式
            var holiday=new Array(3);
            holiday[0]='端午节';
            holiday[1]='中秋节';
            holiday[2]='国庆节';
            // 2.简洁方式
            var holiday=new Array('端午节','中秋节','国庆节');
            // 3.字面方式
            var holiday=['端午节','中秋节','国庆节'];

            // 输出今天是星期几
            var week,today,index;
```

```
            week=new Array('星期日','星期一','星期二','星期三','星期四','星
期五','星期六');
            today=new Date();
            index=today.getDay();// 星期几(0-6)
            document.write(today.toLocaleString()+week[index]);
        </script>
    </head>
    <body>
    </body>
</html>
```

4. 数组常用属性和方法

1）数组常用属性

length：表示数组的长度

length 可以获取数组长度，也可以设置数组长度。比如：

```
var arr=[1,2,3];
var x=arr.length;                    // 获取数组 arr 的长度，返回 3
arr.length=5;                        // 设置数组 arr 的长度为 5
var y=arr.length;                    // 返回 5
```

2）数组常用方法

（1）concat(arr1, arr2, arr3, ...) 方法，连接两个或多个数组，并返回一个新的数组，原有数组不发生改变。

参数可以是数组，也可以是具体的值。用法如下：

```
var a=[1,2];
var b=a.concat(3,4);         //b 的值为 [1,2,3,4]
var c=[5,6];
var d=a.concat(c);           //d 的值为 [1,2,5,6]
var e=a.concat(b,c);         //e 的值为 [1,2,1,2,3,4,5,6]
```

（2）join(separator) 方法，将所有数组元素结合为一个字符串返回，原有数组不发生改变。separator 参数表示分隔符，是可选的，默认分隔符是逗号。用法如下：

```
var a=[1,2];
var b=a.join();              //b 的值为 1,2
var c=a.join("*");           //b 的值为 1*2
```

（3）toString() 方法，把数组转换为字符串。它和没有参数的 join 是一样的作用。

（4）push(x1, x2, x3, ...) 方法，可向数组的末尾添加一个或多个元素，并返回新的长度，原有数组发生改变。用法如下：

```
<p id="test"></p>
var a=[1,2];
var b=a.push(3);                                                      //b 的值为 3
document.getElementById("test").innerHTML=a.toString();   // 输出 1,2,3
```

（5）pop() 方法，删除并返回数组的最后一个元素，原有数组发生改变。用法如下：

```
<p id="test"></p>
var a=[1,2];
```

```
var b=a.pop();                                              //b 的值为 2
document.getElementById("test").innerHTML=a.toString();     // 输出 1
```

（6）unshift(x1, x2, x3, ...) 方法，可向数组的开头添加一个或多个元素，并返回新的长度，原有数组发生改变。用法如下：

```
<p id="test"></p>
var a=[1,2];
var b=a.unshift(3);                                         //b 的值为 3
document.getElementById("test").innerHTML=a.toString();     // 输出 3,1,2
```

（7）shift() 方法，删除并返回数组的第一个元素，原有数组发生改变。用法如下：

```
<p id="test"></p>
var a=[1,2];
var b=a.shift();                                            //b 的值为 1
document.getElementById("test").innerHTML=a.toString();     // 输出 2
```

（8）splice(index, howmany, item1, ..., itemX) 方法，向数组添加 / 删除元素，然后返回被删除的元素，原有数组发生改变。

参数 index 表示添加 / 删除元素的位置，从 0 开始，使用负数可从数组结尾处规定位置，index 是整数，不能省略。参数 howmany 表示要删除的元素数量。如果设置为 0，则不会删除元素，howmany 是整数，不能省略。参数 item1, ..., itemX 表示向数组添加的新元素，可选。通过设定 howmany 参数，来决定方法是添加还是删除。如果是 0，该方法表示添加元素，否则会删除元素。具体用法如下：

添加元素：

```
<p id="test"></p>
var a=[1,2];
var b=a.splice(1,0,3);              //b 的值为空，因为没有删除元素
document.getElementById("test").innerHTML=a.toString();     // 输出 1,3,2
```

删除元素：

```
<p id="test"></p>
var a=[1,2];
var b=a.splice(1,1);                //b 的值 2
document.getElementById("test").innerHTML=a.toString();     // 输出 1
```

替换元素：

```
<p id="test"></p>
var a=[1,2];
var b=a.splice(1,1,3);              //b 的值 2
document.getElementById("test").innerHTML=a.toString();     // 输出 1,3
```

（9）slice(start, end) 方法，可从已有的数组中返回选定的元素，原有数组不发生改变。

参数 start：开始位置。参数 start 可以是负数，负数表示从数组尾部开始算。-1 表示最后一个元素，-2 表示倒数第二个元素，依此类推，参数 start 是不可以省略的。参数 end：结束位置。参数 end 是可以省略的，默认是到最后一个元素，可以是负数，负数表示从尾部开始算。返回的元素包括 start，不包括 end。具体用法如下：

```
var a=[1,2,3];
var b=a.slice(1);                   //b 的值为 2,3
var c=a.slice(1,2);                 //c 的值为 2
```

（10）reverse() 方法，颠倒数组中元素的顺序，原有数组发生改变。具体用法如下：

```
<p id="test"></p>
var a=[1,2,3];
a.reverse();
document.getElementById("test").innerHTML=a.toString();   // 输出 3,2,1
```

（11）sort(sortby) 方法，对数组的元素进行排序，原有数组发生改变。

当 sort() 方法不带参数的时候，将按照字符编码顺序进行排序，如果想要对数字进行排序则需要编写相应的函数。参数 sortby 是可选的，它是一个比较函数，函数有两个参数 a 和 b，返回值用来说明 a 和 b 的大小。具体用法如下：

```
function(a,b){return a-b}
```

若 a 小于 b，在排序后的数组中 a 应该出现在 b 之前，则返回一个小于 0 的值。

若 a 等于 b，则返回 0。

若 a 大于 b，则返回一个大于 0 的值。

例如：

```
var arr=[1,5,10,100,400];
console.log(arr.sort());              // 输出 1,10,100,400,5
```

这时候 sort() 方法则是根据 ASCII 码进行排序，若将数组中的元素作为字符串处理进行升序排序，可以用下列方法。

```
var arr=[1,5,10,100,400];
function compare(a,b){
    return a-b;
}
console.log(arr.sort(compare));       // 输出 1,5,10,100,400
```

若将数组中的元素作为字符串处理进行降序排序，可以用下列方法。

```
var arr=[1,5,10,100,400];
function compare(a,b){
    return b-a;
}
console.log(arr.sort(compare));       // 输出 400,100,10,5,1
```

[例 5-6] 数组的应用。

实现代码如下：

```
<!DOCTYPE html>
<html>
    <head>
        <meta charset="utf-8">
        <title> 数组的应用 </title>
        <script type="text/javascript">
            var classics=new Array(5);
            classics[0]='《诗经》';
            classics[1]='《尚书》';
            classics[2]='《礼记》';
            classics[3]='《周易》';
            classics[4]='《春秋》';
            document.write(' 输出数组:'+'<br>');
```

```
            for(var i=0;i<classics.length;i++){
                document.write('第 '+i+' 个元素是:'+classics[i]+'<br>');
            }
            document.write('反转后数组:'+'<br>');
            classics.reverse();
            for(var i=0;i<classics.length;i++){
                document.write('第 '+i+' 个元素是:'+classics[i]+'<br>');
            }
            document.write('排序后数组:'+'<br>');
            classics.sort();
            for(var i=0;i<classics.length;i++){
                document.write('第 '+i+' 个元素是:'+classics[i]+'<br>');
            }
            document.write('连接数组:'+'<br>');
            str=classics.join('--');
            document.write(str);
        </script>
    </head>
    <body>
    </body>
</html>
```

实现效果如图 5-12 所示。

图 5-12　数组的应用效果

三、Boolean（逻辑）对象

1. Boolean（逻辑）对象的概念

Boolean（逻辑）对象用于将非逻辑值转换为逻辑值（true 或者 false）。
在 JavaScript 中，布尔值是一种基本的数据类型。Boolean 对象是一个将布尔值

视　频

Boolean 对象

打包的布尔对象。Boolean 对象主要用于提供将布尔值转换成字符串的 toString() 方法。当调用 toString() 方法将布尔值转换成字符串时（通常是由 JavaScript 隐式地调用），JavaScript 会内在地将这个布尔值转换成一个临时的 Boolean 对象，然后调用这个对象的 toString() 方法。

2. 逻辑对象的创建

可以使用关键 new 来定义对象：

`var myBoolean=new Boolean();`

如果逻辑对初值或其值为 0，-0，null，""，false，undefined，或者 NAN，那么对象的值为 false，否则，其值为 true（即使当自变量为字符串 false 时）。

[例 5-7] 逻辑对象的应用。

实现代码如下：

```
<!DOCTYPE html>
<html>
    <head>
        <title>逻辑对象的应用</title>
    </head>
    <body>
        <script>
            var b1=new Boolean(0);
            var b2=new Boolean(1);
            var b3=new Boolean("");
            var b4=new Boolean(null);
            var b5=new Boolean(NaN);
            var b6=new Boolean("false");
            document.write("0 为布尔值 ",b1+"<br>");
            document.write("1 为布尔值 ",b2+"<br>");
            document.write(" 空字符串是布尔值",b3+"<br>");
            document.write("null 是布尔值",b4,"<br>");
            document.write("NaN 是布尔值",b5+"<br>");
            document.write(" 字符串 'false' 是布尔值",b6+"<br>");
        </script>
    </body>
</html>
```

实现效果如图 5-13 所示。

图 5-13　逻辑对象的应用效果

四、任务实现

完成轮播图特效的制作。

任务分析:

(1) 定义数组来存储 6 张图片。

(2) 图片每隔 2 s 自动轮播。

(3) 向后按钮操作。

(4) 向前按钮操作。

视　频

轮播图特效
的制作

具体操作步骤如下:

(1) 启动代码编辑软件,新建页面;

(2) 在页面中编写代码,参考代码如下:

```html
<!DOCTYPE html>
<html>
<head>
    <meta charset="utf-8" />
    <title>轮播图特效的制作</title>
    <style type="text/css">
        *{margin:0;padding:0;}
        ul,li{list-style:none;}
        img{border:0;}
        .wrapper{
            width: 800px;
            margin: 0 auto;
            padding-bottom: 50px;
        }
        #focus{
            width: 800px;
            height: 280px;
            overflow: hidden;
            position: relative;
        }
        #focus ul{
            height: 380px;
            position: absolute;
        }
        #focus ul li{
            float: left;
            width: 800px;
            height: 280px;
            overflow: hidden;
            position: relative;
            background: #000;
        }
        #focus ul li div{
            position: absolute;
            overflow: hidden;
        }
        #focus .preBtn{
```

```css
            width: 45px;
            height: 100px;
            left: 0;
            top:90px;
            background:url(img/spirte.png) no-repeat 0 0;
            background-color:#000;
            cursor: pointer;
            opacity:0.4;
            filter:alpha(opacity=40);
        }
        #focus .nextBtn{
            width: 45px;
            height: 100px;
            right:0px;
            top:90px;
            background:url(img/spirte.png) no-repeat right top;
            background-color:#000;
            cursor: pointer;
            opacity:0.4;
            filter:alpha(opacity=40);}
```

```html
    </style>

    <script type="text/javascript">
        var picsArr=new Array();
            picsArr[0]="img/01.jpg";
            picsArr[1]="img/02.jpg";
            picsArr[2]="img/03.jpg";
            picsArr[3]="img/04.jpg";
            picsArr[4]="img/05.jpg";
            picsArr[5]="img/06.jpg";
        var timer,index=0;
        window.onload=showPic;// 页面加载事件
        // 向后轮播函数
        function showPic(){
            document.getElementById("pic").src=picsArr[index];
            if(index<(picsArr.length-1))
                index++;
            else
                index=0;
            timer=setTimeout("showPic()",2000);
        }
        // 向前轮播函数
        function showPrepic()
        {
            document.getElementById("pic").src=picsArr[index];
            if(index>0)
                index--;
            else
                index=4;
            timer=setTimeout("showPrepic()",2000);
```

```
        }
        // 向后按钮函数
        function showNext()
        {
            clearTimeout(timer);
            showPic();
        }
        // 向前按钮函数
        function showPre()
        {
            clearTimeout(timer);
            showPrepic();
        }
    </script>
</head>

<body>
<div class="wrapper">
    <div id="focus">
        <ul>
            <li><a href="#" target="_blank"><img src="img/01.jpg" alt="" id="pic"/></a>
            <!-- 向前按钮 -->
            <div class="preBtn" onclick="showPre()"></div>
            <!-- 向后按钮 -->
            <div class="nextBtn" onclick="showNext()"></div>
            </li>
        </ul>
    </div>
</div>
</body>
</html>
```

（3）保存文件，注意文件路径。

（4）测试代码运行效果，查看显示结果。

【项目实施】

完成用户注册页面的验证。

参考代码如下：

```
<!DOCTYPE html>
<html>
    <head>
        <meta charset="utf-8">
        <title>注册页面验证</title>
        <style type="text/css">
        body{
            margin:0;
            padding:0;
            font-size:14px;
            line-height:20px;
```

```css
    }
.main{
    width:600px;
    margin-left:auto;
    margin-right:auto;
    }
.hr_1 {
    font-size: 24px;
    font-weight: bold;
    color: #3275c3;
    height: 35px;
    border-bottom-width: 2px;
    border-bottom-style: solid;
    border-bottom-color: #3275c3;
    vertical-align:auto;
    padding-left:12px;}
.left{
    text-align:right;
    width:80px;
    height:25px;
    padding-right:5px;}

.center{width:135px;height:30px;}
.inputClass{
    width:130px;
    height:24px;
    border:solid 1px #79abea;}
div{color:#3275c3;font-weight: bold;}
</style>
<script type="text/javascript">
/*用户名验证*/
    function checkUser(){
    var user=document.getElementById("user").value;
    var userId=document.getElementById("user_prompt");
    userId.innerHTML="";
    if(user.length<4 || user.length>16)
    {
        userId.innerHTML=" 请输入 4-16 位用户名 ";
        return false;
    }
    return true;
}
/*密码验证*/
function checkPwd(){
  var pwd=document.getElementById("pwd").value;
  var pwdId=document.getElementById("pwd_prompt");
   pwdId.innerHTML="";
  if(pwd.length<4 || pwd.length>10)
  {
     pwdId.innerHTML=" 密码长度在 4-10 之间 ";
     return false;
```

```
    }
      return true;
}
function checkRepwd(){
    var repwd=document.getElementById("repwd").value;
    var pwd=document.getElementById("pwd").value;
    var repwdId=document.getElementById("repwd_prompt");
     repwdId.innerHTML="";
     if(pwd!=repwd){
       repwdId.innerHTML=" 两次输入的密码不一致 ";
        return false;
     }
     return true;
}
/* 验证邮箱 */
function checkEmail(){
    var email=document.getElementById("email").value;
    var email_prompt=document.getElementById("email_prompt");
    email_prompt.innerHTML="";
    var index=email.indexOf("@",1);
    if(index==-1){
        email_prompt.innerHTML=" 输入的邮箱格式中应包含 @ 符号 ";
        return false;
    }
    if(email.indexOf(".",index)==-1){
        email_prompt.innerHTML=" 输入的邮箱格式中应包含 . 符号且在 @ 符号后面 ";
        return false;
    }
        return true;
}
/* 验证手机号码 */
function checkMobile(){
     var mobile=document.getElementById("mobile").value;
     var mobileId=document.getElementById("mobile_prompt");
     mobileId.innerHTML="";
     if(mobile.charAt(0)!=1)
     {
        mobileId.innerHTML=" 手机号开始位应该为 1";
        return false;
     }
     if(mobile.length!=11)
     {
        mobileId.innerHTML=" 手机号应该是 11 位 ";
        return false;
     }
     for(var i=0;i<mobile.length;i++){
        if(isNaN(mobile.charAt(i)))
        {
           mobileId.innerHTML=" 手机号码不能包含字符 ";
           return false;
        }
```

```
            }
            return true;
        }

        // 注册按钮
        function register(){
            if(checkUser()&&checkPwd()&&checkRepwd()&&checkEmail()&&checkMobile()){
                alert(" 注册成功！");
            }
            else
            {
                alert(" 输入有误！");
            }
        }
        </script>
    </head>
    <body>
    <table class="main" border="0" cellspacing="0" cellpadding="0">
      <tr>
        <td class="hr_1">用户注册</td>
      </tr>
      <tr>
        <td style="height:10px;"></td>
      </tr>
      <form action="" method="post" name="myform">
      <tr>
          <td><table width="100%" border="0" cellspacing="0" cellpadding="0">
        <tr>
          <td class="left">用   户    名:</td>
            <td class="center"><input id="user" type="text" class="inputClass" onblur="checkUser()" /></td>
            <td><div id="user_prompt">用户名由 4-16 位字符组成 </div></td>
        </tr>
        <tr>
          <td class="left">密       码:</td>
            <td class="center"><input id="pwd" type="password" class="inputClass" onblur="checkPwd()"/></td>
            <td><div id="pwd_prompt">密码由 4-10 位字符组成 </div></td>
        </tr>
        <tr>
          <td class="left">确认密码:</td>
            <td class="center"><input id="repwd" type="password" class="inputClass" onblur="checkRepwd()"/></td>
            <td><div id="repwd_prompt"></div></td>
        </tr>
         <tr>
          <td class="left">电子邮箱:</td>
            <td class="center"><input id="email" type="text" class=
```

```
"inputClass" onblur="checkEmail()"/></td>
            <td><div id="email_prompt">邮箱格式示例:address@qq.com</div>
            </td>
        </tr>
            <tr>
            <td class="left">手机号码:</td>
              <td class="center"><input id="mobile" type="text" class=
"inputClass" onblur="checkMobile()" /></td>
            <td><div id="mobile_prompt">手机号码为 11 位数字</div></td>
        </tr>
         <tr>
            <td class="left"> </td>
              <td class="center"><input value=" 注 册 " type="button" onclick=
"register()"/></td>
            <td> </td>
        </tr>
    </table>
    </td>
    </tr>
    </form>
    </table>

    </body>
</html>
```

【项目总结】

本项目主要介绍对象的基本概念，JavaScript 对象的分类，然后通过项目驱动、任务驱动的教学方法，让同学们了解如何使用内置对象，对 Number（数字）对象、String（字符串）对象、Math（算术）对象、Date（日期）对象、Array（数组）对象和 Boolean（逻辑）对象进行详细分析，同时通过任务的完成增强实践能力，从而完成项目实施。

【问题探索】

一、理论题

1. 简述面向对象语言的三大特性。
2. 简述 JavaScript 包含的四种对象。
3. 简述内置对象包含哪些。

二、实操题

1. 给定一个字符串，例如："IloveJavaScript"；问题如下：
（1）字符串的长度。
（2）取出指定位置的字符，如：0，3，5，9。
（3）查找指定字符是否在以上字符串中存在，如：i，a，p 等。
（4）替换指定的字符，如：love 替换为 like。
（5）截取指定开始位置到结束位置的字符串，如：取得 1~5 的字符串。
2. 制作一个函数，getDayNum(年月日日期)，可以返回指定日期是当前年的第几天。

例如，getDayNum("2019-1-2")，返回值为：2。

3. 创建一段带有幻灯展示效果的 JavaScript 代码。要包含一个有四幅图片的数组。实现预加载图片。设置定时器每隔 10 s 切换一次图片。如果用户单击"开始"按钮，定时器启动开始进行图片切换。如果用户单击"停止"按钮，则停止定时器。

【拓展训练】

制作随机选人系统。从以下学员名单中单击"开始"按钮，开始随机选人，单击"暂停"按钮，随机选出 1 个学员，页面效果如图 5-14 所示。

var stu=["吴艳芳","王强","郑海滨","郑宇航","赵天明","田博文"]

图 5-14　随机选人系统效果图

项目六 BOM 特效开发

【春风化雨】

《中华人民共和国个人信息保护法》

1.《中华人民共和国个人信息保护法》的发布

《中华人民共和国个人信息保护法》是为了保护个人信息权益，规范个人信息处理活动，促进个人信息合理利用，根据宪法制定的法律。2021年8月20日，第十三届全国人大常委会第三十次会议表决通过《中华人民共和国个人信息保护法》。自2021年11月1日起施行。

2. 个人信息保护的意义及作用

在信息化时代，个人信息保护已成为广大人民群众最关心、最直接、最现实的利益问题之一。个人信息保护法实施以来，在个人信息权益保护、数据合理利用和促进数字经济健康发展等方面发挥着重要作用。"网信事业发展必须贯彻以人民为中心的发展思想，把增进人民福祉作为信息化发展的出发点和落脚点，让人民群众在信息化发展中有更多获得感、幸福感、安全感""国家网络安全工作要坚持网络安全为人民、网络安全靠人民，保障个人信息安全，维护公民在网络空间的合法权益。""要加快建设网络强国、数字中国，加强个人信息保护；要加强重点领域、新兴领域、涉外领域立法；要加快建设公正高效权威的社会主义司法制度，努力让人民群众在每一个司法案件中感受到公平正义；要全面推进严格规范公正文明执法，加大关系群众切身利益的重点领域执法力度。"

3. 个人信息处理的核心原则

个人信息保护法主要确立以下五项重要原则：一是遵循合法、正当、必要和诚信原则；二是采取对个人权益影响最小的方式，限于实现处理目的的最小范围原则；三是处理个人信息应当遵循公开、透明原则；四是处理个人信息应当保证个人信息质量原则；五是采取必要措施确保个人信息安全原则等。

个人信息保护法告诉我们，公民的个人信息受法律保护，任何组织、个人不得侵害自然人的个人信息权益；处理个人信息应当取得个人同意，个人有权撤回其同意；处理个人信息应当遵循合法、正当、必要和诚信原则；用"大数据杀熟"把人困在"算法"里、用个人喜好编织"信息茧房"是错误的，信息化社会的未来，不是充斥着冰冷的数据和算法，而是有法治的关怀与人性的温度。

【学习目标】

（1）理解浏览器对象模型的概念及作用。

（2）掌握 window 对象的重要属性和方法。
（3）掌握 location 对象的重要属性和方法。
（4）掌握 history 对象、navigator 对象及 screen 对象的重要属性和方法。
（5）作为计算机行业的从业人员，在保护好个人信息的同时，不泄露他人信息。

【项目描述】

在很多购物网站中，卖家会经常进行一些促销活动，增加消费者购买商品的紧张感，其中，"商品抢购倒计时"功能在购物网站中非常常见，本项目将利用 window 对象的 setTimeout( ) 方法来实现倒计时功能。页面效果如图 6-1 所示。

图 6-1　商品抢购倒计时效果图

【项目分析】

完成本项目的技术要点：
（1）确定倒计时的时长：倒计时的时长 = 抢购开始时间 − 当前时间。
注意：这里得到的倒计时时长是一个"毫秒数"。
（2）将时长转换为天、时、分、秒表示。
将倒计时时长"毫秒数"转换成为"秒数"，用 time 表示得到的倒计时的"秒数"。

time=(overTime-now)/1000;

然后将秒数 time 通过计算，用天、时、分、秒来表示。

天 =parseInt(time/60/60/24);
时 =parseInt(time/60%24);
分 =parseInt(time/60%60);

秒=parseInt(time%60);

（3）设置定时器：每秒调用一次倒计时函数。这样页面中的倒计时秒数就会每秒变化一次，实现动态倒计时效果。

（4）使用浏览器测试倒计时效果。

任务 1　弹出广告窗口

一、任务描述

在 Web 中使用 JavaScript 的时候，BOM 对象起着至关重要的作用。BOM 中提供了独立于内容的、可以与浏览器窗口进行互动的对象结构。BOM 由多个对象构成，其中代表浏览器窗口的 window 对象是 BOM 的顶层对象，其他对象都是该对象的子对象。本任务制作一个弹窗效果，来学习 BOM 对象和 window 对象的属性和方法。

二、BOM 简介

1. BOM的定义

BOM 是 JavaScript 的重要组成部分之一。它提供了一系列对象，用于与浏览器窗口进行交互，这些对象统称为 BOM 对象。

视　频
BOM 简介

2. BOM的作用

BOM 提供了独立于内容而与浏览器窗口进行交互的对象，操作浏览器窗口及窗口上的控件，实现用户和页面的动态交互。

3. BOM的结构

从图 6-2 中可以看出，window 对象是 BOM 的顶层（核心）对象，其他的对象都是以属性的方式添加到 window 对象下，也可以称为 window 的子对象。

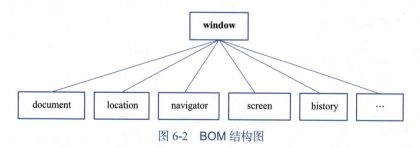

图 6-2　BOM 结构图

BOM 为了访问和操作浏览器的各个组件，每个 window 子对象中都提供了一系列属性和方法。

window 子对象功能如下：

（1）document（文档对象）：也称 DOM 对象，是 HTML 页面当前窗体的内容，同时也是 JavaScript 重要组成部分之一，将会在后续课程中进行详细讲解。

（2）screen（屏幕对象）：可获取与屏幕相关的数据，如屏幕的分辨率等。

（3）location（地址栏对象）：用于获取当前浏览器中 URL 地址栏内的相关数据。

（4）history（历史对象）：主要用于记录浏览器的访问历史记录，也就是浏览网页的前进与后退功能。

（5）navigator（浏览器对象）：用于获取浏览器的相关数据，如浏览器的名称、版本等。

三、window 对象

视频

window 对象

1. window对象的作用

window 对象表示浏览器窗口，是 BOM 中所有对象的核心，也是 BOM 中所有对象的父对象，所有浏览器都支持 window 对象。

JavaScript 中所有全局对象、函数以及变量均自动成为 window 对象的成员。其中，全局变量是 window 对象的属性，全局函数是 window 对象的方法。

2. window对象常用属性

window 对象常用属性见表 6-1。

表 6-1　window 对象常用属性

属　　性	说　　明
closed	返回一个布尔值，该值说明窗口是否已经关闭
name	设置或返回窗口名称，字符串类型
opener	返回对创建此窗口的引用
defaultStatus	设置或返回窗口状态栏中的默认值
innerHeight	返回窗口文档显示区域的高度
innerWidth	返回窗口文档显示区域的宽度

3. window对象常用方法

window 对象常用方法见表 6-2。

表 6-2　window 对象常用方法

方　　法	说　　明
alert	弹出一个警告对话框
confirm	显示一个带有提示信息的确认对话框
prompt	弹出一个提示对话框
open	打开新窗口
close	关闭当前窗口
setTimeout	在指定毫秒数后调用函数或计算表达式

4. window属性和方法的调用

window 是不需要使用 new 运算符来创建对象的，在使用 window 对象时，可以直接调用其方法和属性。

格式：

```
window.属性名;
window.方法名(参数);
```

例如：

```
window.alert("这是一串提示消息！");
window.document.write("这是一串提示消息！");
```

也可写成：

```
alert("这是一串提示消息！");
document.write("这是一串提示消息！");
```

[例 6-1] 显示浏览器窗口的高度和宽度。

代码如下：

```
<!DOCTYPE html>
<html lang="en">
<head>
    <meta charset="UTF-8">
    <title></title>
</head>
<body>
    <p id="demo"></p>
    <script>
        var w=window.innerWidth;
        document.documentElement.clientWidth;
        document.body.clientWidth;
        var h=window.innerHeight;
        document.documentElement.clientHeight;
        document.body.clientHeight;
        var x=document.getElementById("demo");
        x.innerHTML="浏览器内窗宽度:"+w+ ",高度:"+h+"。";
    </script>
</body>
```

运行结果如图 6-3 所示。

图 6-3　显示浏览器窗口高度和宽度

四、任务实现

制作一个弹窗效果，如图 6-4 所示。

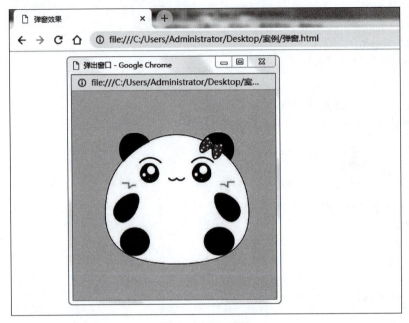

图 6-4　弹窗效果

具体操作步骤如下：

（1）启动代码编辑软件，新建页面。

（2）在页面中编写代码，参考代码如下：

```
<!DOCTYPE html>
<html>
    <head>
        <meta charset="UTF-8">
        <title>弹窗效果</title>
        <script type="text/javascript">
          window.onload=function (){
              window.status=" 欢迎来到我的主页！ ";
window.open("myWindow.html","_blank","width=300px,height=300px,top=100px,left=100px");
          }
        </script>
    </head>
    <body>
    </body>
</html>
```

（3）保存文件，注意文件路径。

（4）测试代码运行效果，查看显示结果。

注意事项：

window.open 方法：

```
open("打开窗口的url","窗口名","窗口特征");
```

窗口的特征如下，可以任意组合：
height：窗口高度。
width：窗口宽度。
top：窗口距离屏幕上方的像素值。
left：窗口距离屏幕左侧的像素值。
toolbar：是否显示工具栏。
scrollbar：是否显示滚动栏。
location：是否显示地址栏。

任务 2　页面定时跳转

一、任务描述

在一些网页中，经常利用定时跳转功能，为用户提供一个短时的信息提示。例如，用户注册结束后，页面间隔 5 s 后自动跳转到网页的登录页面，这样就需要实现页面的自动跳转功能，本任务利用 location 对象来实现页面定时跳转功能，将页面跳转的目标地址设定为"百度首页"，实现效果如图 6-5 所示。

图 6-5　页面定时跳转任务效果图

二、location 对象的作用

location 对象可以获得当前浏览器中的 URL，可以更改当前浏览器中访问的 URL，实现新文档的载入或重载功能。

URL（uniform resource locator，统一资源定位符），是对可以从互联网上得到的资源的位置和访问方法的一种简洁的表示，是互联网上标准资源的地址。

互联网上的每个文件都有唯一的 URL，它包含的信息指出文件的位置以及浏览器应该怎么处理它。在 URL 中，包含了网络协议、服务器的主机名、端口号、资源名称字符串、参数、锚点等内容。

视　频
location
对象

三、location 对象的常用属性

location 对象的常用属性见表 6-3。

表 6-3 location 对象的常用属性

属 性	说 明
hash	返回一个 URL 的锚部分
host	设置或返回主机名和当前 URL 的端口号
hostname	设置或返回当前 URL 的主机名
href	设置或返回完整的 URL
pathname	设置或返回当前 URL 的路径部分
port	设置或返回当前 URL 的端口号
protocol	设置或返回当前 URL 的协议

可以通过 "location.属性名" 的方式获取当前用户访问的 URL 的指定部分。
通过 "location.属性名 = 属性值" 的方式改变当前用户加载的页面。

四、location 对象的常用方法

location 对象提供了用于改变 URL 地址的方法，所有主流浏览器都支持。常用方法见表 6-4。

表 6-4 location 对象的常用方法

方 法	说 明
assign()	加载新的文档
reload()	重新加载当前文档
replace()	用新的文档替换当前文档

其中，reload() 方法的唯一参数是一个布尔类型的值，将其设置为 true 时，可以重新加载当前文档，类似于浏览器中的"刷新"按钮。

[例 6-2] 使用 location 对象获取 URL 链接及端口号，页面效果如图 6-6 所示。

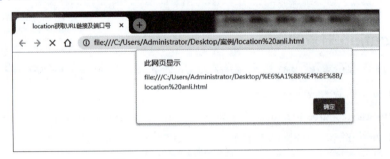

图 6-6 获取 URL 链接及端口号

代码如下：

```
<!DOCTYPE html>
<html>
    <head>
```

```
        <meta charset="UTF-8">
        <title>location 获取 URL 链接及端口号 </title>
        <script>
            window.onload=function(){
                alert(location.href);
                alert(location.port);
            }
        </script>
    </head>
    <body>
    </body>
</html>
```

五、任务实现

完成页面定时跳转功能。

分析：

（1）定义定时跳转函数，该函数需要两个参数：一个为 sec 用来表示页面停留的秒数；一个为 URL 表示页面跳转的目标地址。

（2）设置页面当前显示的秒数。将秒数 -1 后，写在页面的指定位置上。

（3）实现秒数递减。这主要有以下几种情形：

①当秒数 >0 时，利用 setTimeout 方法设置计时器，调用跳转函数，继续递减秒数。这里需要注意在调用跳转函数时，要给跳转函数传参数值。由于 url 参数是一个目标地址，因此需要用引号引起来。

页面定时跳转

②当秒数递减到 0 时，跳转到指定页面中。这里跳转到百度首页。用 location 对象的 href 属性，指定跳转页面。

③在页面加载后，调用跳转函数，来实现 5 s 后跳转到百度首页，传递的参数值分别为 5 和百度首页地址。

具体操作步骤如下：

（1）启动代码编辑软件，新建页面。

（2）在页面中编写代码，参考代码如下：

```
<!DOCTYPE html>
<html lang="en">
<head>
    <meta charset="UTF-8">
    <title>定时跳转 </title>
    <style>
        .box{
            margin-top:160px;
            width:100%;
            height:200px;
            text-align:center;
            line-height:80px;
        }
        .ti{
```

```
                font-size:40px;
                color:#f40;
                font-weight:bold;
            }
            .box a{
                font-size:20px;
            }
            #time{
                font-size:24px;
                color:red;
            }
        </style>
    </head>
    <body>
        <div class="box">
            <div class="ti">信息提交成功</div>
            <span id="time">5</span>
            <a href="https://www.baidu.com">秒后系统会自动跳转,也可以单击此链接跳转!</a>
        </div>
        <script>
            //1.定义定时跳转函数
            function tiaozhuan(sec,url){
                //2.设置页面当前应该显示的秒数
                document.getElementById("time").innerHTML=--sec;

                //3.实现秒数递减功能
                if(sec>0)
                {
                    setTimeout("tiaozhuan("+sec+",'"+url+"')",1000);
                }else{
                    location.href=url;
                }
            }
            window.onload=tiaozhuan(5,'https://www.baidu.com');
        </script>
    </body>
</html>
```

(3)保存文件,注意文件路径。

(4)测试代码运行效果,查看显示结果。

任务 3　浏览历史记录跳转

一、任务描述

在一些网页中,经常会有返回上一页的功能,用户单击页面上的按钮或者链接就可以返回到上一个页面,这样使得在浏览网页过程中操作很方便。本任务将利用 history 对象,实现页面的前进返回功能，实现从 this 页面跳转到 other 页面，并由 other 页面返回 this 页面功能。
页面效果如图 6-7 和图 6-8 所示。

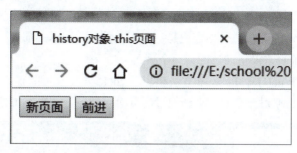

图 6-7　this 页面效果图

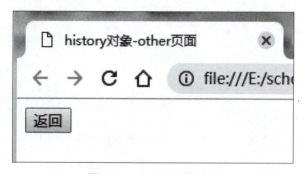

图 6-8　other 页面效果图

二、history 对象的作用

BOM 中提供的 history 对象，可以对用户在浏览器中访问过的 URL 历史记录进行操作。history 对象是 window 对象的一部分，可通过 window.history 属性对其进行访问。

history 对象不能直接获取用户浏览过的 URL，但可以控制浏览器实现"后退"和"前进"的功能。

三、history 对象的常用属性和方法

history 对象常用属性见表 6-5，history 对象常用方法见表 6-6。

表 6-5　history 对象常用属性

属　　性	说　　明
length	返回浏览器历史列表中 URL 的数量

表 6-6　history 对象常用方法

方　　法	说　　明
back()	加载历史列表中的前一个 URL
forward()	加载历史列表中的下一个 URL
go()	加载历史列表中的某个具体页面

其中，back()方法与单击浏览器中的"返回"按钮的功能是相同的，forward()方法与单击浏览器中的"前进"按钮是相同的。

go()方法可根据参数的不同设置，完成历史记录的任意跳转。当参数值是一个负整数时，表示"后退"指定的页数；当参数值是一个正整数时，表示"前进"指定的页数。例如，go(-2)表示返回到当前页之前访问过的前两个页面。

back()方法相当于go(-1)，forward方法相当于go(1)。

[例6-3] 使用history对象获取网页访问过的页面数量，页面效果如图6-9所示。

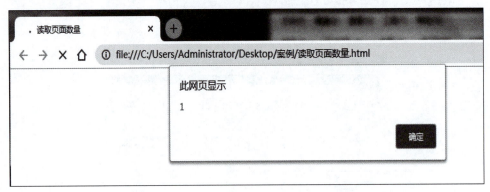

图6-9 读取网页访问过的页面数量任务效果图

代码如下：

```
<!DOCTYPE html>
<html>
    <head>
        <meta charset="UTF-8">
        <title>读取页面数量</title>
        <script>
           window.onload=function(){
               alert(history.length);
           }
        </script>
    </head>
    <body>
    </body>
</html>
```

四、任务实现

● 视 频

浏览历史记录

完成页面的前进返回，利用history对象的方法，实现从this页面跳转到other页面，并由other页面返回this页面功能。

任务分析：

（1）创建两个网页：一个表示当前页面（网页命名为this.html）；一个表示另外的页面（网页命名为other.html）。

（2）在this页面上放置了两个按钮，一个用于载入other页面，一个用于前进。

(3)在 other 页面上放置一个返回按钮,用来返回到 this 页面上。
(4)实现按钮功能。
具体操作步骤如下:
(1)启动代码编辑软件,新建页面。
(2)在页面中编写代码,参考代码如下。
① this.html 参考代码:

```
<!DOCTYPE html>
<html lang="en">
<head>
    <meta charset="UTF-8">
    <title>history 对象-this 页面</title>
</head>
<body>
    <input type="button" value="新页面" onclick="newPage()">
    <input type="button" value="前进" onclick="goForward()">
    <script>
        function newPage(){
            location.assign('other.html');
        }

        function goForward(){
            history.go(1);
        }
    </script>
</body>
</html>
```

② other.html 参考代码:

```
<!DOCTYPE html>
<html lang="en">
<head>
    <meta charset="UTF-8">
    <title>history 对象-other 页面</title>
</head>
<body>
    <input type="button" value="返回" onclick="goBack()">
    <script>
        function goBack(){
            history.go(-1);
        }
    </script>
</body>
</html>
```

(3)保存文件,注意文件路径。
(4)测试代码运行效果,查看显示结果。

任务 4　获取浏览器相关信息

一、任务描述

在开发网页过程中，为了让网页兼容常用浏览器，需要获取当前浏览器名称、平台版本信息、是否启用 cookie 状态、操作系统平台等信息，因此，在使用浏览器显示网页时，浏览器可以创建一个 navigator 对象,利用该对象来获取当前页面的浏览器相关信息。例如,来获取浏览器名称、浏览器版本号、浏览器运行平台等相关信息，并显示获取到的信息。页面效果如图 6-10 所示。

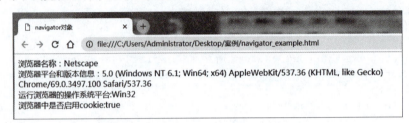

图 6-10　获取浏览器相关信息效果图

二、navigator 对象的作用

BOM 中的 navigator 对象，包含了有关浏览器的信息，可以使用这些属性进行平台专用的配置，所有浏览器都支持该对象。

navigator 对象的实例是唯一的，可以用 window 对象的 navigator 属性来引用它。

三、navigator 对象的常用属性和方法

navigator 对象的常用属性见表 6-7。

表 6-7　navigator 对象的常用属性

属　　性	说　　明
appCodeName	返回浏览器的代码名
appMinorVersion	返回浏览器的次级版本
appName	返回浏览器的名称
appVersion	返回浏览器的平台和版本信息
browserLanguage	返回当前浏览器的语言
cookieEnabled	返回指明浏览器中是否启用 cookie 的布尔值
cpuClass	返回浏览器系统的 CPU 等级
onLine	返回指明系统是否处于脱机模式的布尔值
platform	返回运行浏览器的操作系统平台
systemLanguage	返回 OS 使用的默认语言
userAgent	返回由客户机发送服务器的 user-agent 头部的值
userLanguage	返回 OS 的自然语言设置

navigator 对象的常用方法见表 6-8。

表 6-8　navigator 对象的常用方法

方　　法	说　　明
javaEnabled()	规定浏览器是否启用 Java
taintEnabled()	规定浏览器是否启用数据污点 (data tainting)

四、任务实现

完成获取当前页面的浏览器相关信息。

任务分析：

利用 navigator 对象的各个属性，来获取浏览器名称、浏览器版本号、浏览器运行平台等相关信息，并显示获取到的信息。

视　频

获取浏览器
相关信息

具体操作步骤如下：

（1）启动代码编辑软件，新建页面。

（2）在页面中编写代码，参考代码如下：

```
<!DOCTYPE html>
<html lang="en">
<head>
    <meta charset="UTF-8">
    <title>navigator 对象 </title>
    <script>
        document.write(' 浏览器名称:'+navigator.appName+"<br>");
        document.write(' 浏览器平台和版本信息:'+navigator.appVersion+"<br>");
        document.write(' 运行浏览器的操作系统平台:'+navigator.platform+"<br>");
        document.write(' 浏览器中是否启用 cookie:'+navigator.cookieEnabled);
    </script>
</head>
<body>
</body>
</html>
```

（3）保存文件，注意文件路径。

（4）测试代码运行效果，查看显示结果。

任务 5　获取浏览器显示屏幕的相关信息

一、任务描述

在开发网页过程中，为了让网页显示得更加合理美观，需要获取当前浏览器显示屏幕的尺寸、分辨率等信息，因此，在使用浏览器显示网页时，可以创建一个 screen 对象，利用该对象来获取显示浏览器屏幕的相关信息。实现效果如图 6-11 所示。

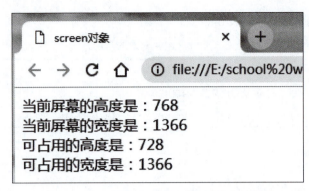

图 6-11　获取浏览器显示屏幕相关信息效果图

二、screen 对象的作用

每个 window 对象的 screen 属性都引用一个 screen 对象。screen 对象中存放有关显示浏览器屏幕的信息。

JavaScript 程序将利用这些信息优化它们的输出，以达到用户的显示要求。

例如，一个程序可以根据显示器的尺寸，选择使用大图像还是小图像，还可以根据显示器颜色的深度，选择使用 16 位色还是 8 位色的图形。

另外，JavaScript 程序还能根据有关屏幕尺寸的信息将新的浏览器窗口定位在屏幕中间。

三、screen 对象的常用属性

screen 对象的常用属性见表 6-9。

表 6-9　screen 对象的常用属性

属　　性	说　　明
availHeight	返回显示屏幕的高度（除 Windows 任务栏之外）
availWidth	返回显示屏幕的宽度（除 Windows 任务栏之外）
bufferDepth	设置或返回调色板的比特深度
colorDepth	返回目标设备或缓冲器上的调色板的比特深度
deviceXDPI	返回显示屏幕的每英寸水平点数
deviceYDPI	返回显示屏幕的每英寸垂直点数
fontSmoothingEnabled	返回用户是否在显示控制面板中启用了字体平滑
height	返回显示屏幕的高度
logicalXDPI	返回显示屏幕每英寸的水平方向的常规点数
logicalYDPI	返回显示屏幕每英寸的垂直方向的常规点数
pixelDepth	返回显示屏幕的颜色分辨率（比特每像素）
updateInterval	设置或返回屏幕的刷新率
width	返回显示器屏幕的宽度

四、任务实现

完成获取显示浏览器屏幕的相关信息。

任务分析：

利用 screen 对象的各个属性，来获取浏览器显示屏幕的宽度、高度等相关信息，并显示获取到的信息。从任务效果中可以看到，可占用的高度属性值和屏幕高度属性值是不相同的，这是因为可占用的高度属性值是在屏幕的高度上去掉了 windows 任务栏高度。

获取浏览器相关信息

具体操作步骤如下：

（1）启动代码编辑软件，新建页面。

（2）在页面中编写代码，参考代码如下：

```html
<!DOCTYPE html>
<html lang="en">
<head>
    <meta charset="UTF-8">
    <title>screen 对象</title>
    <script>
        document.write(" 当前屏幕的高度是:"+screen.height+"<br>");
        document.write(" 当前屏幕的宽度是:"+screen.width+"<br>");
        document.write(" 可占用的高度是:"+screen.availHeight+"<br>");
        document.write(" 可占用的宽度是:"+screen.availWidth+"<br>");
    </script>
</head>
<body>
</body>
</html>
```

（3）保存文件，注意文件路径。

（4）测试代码运行效果，查看显示结果。

【项目实施】

完成商品抢购倒计时项目。

具体操作步骤如下：

商品抢购倒计时

（1）启动代码编辑软件，新建页面。

（2）在页面中编写代码，参考代码如下：

```html
<!DOCTYPE html>
<html lang="en">
<head>
    <meta charset="UTF-8">
    <title>商品抢购倒计时</title>
    <style>
        #tp{
            width:100%;
            text-align:center;
        }
        #js{
```

```
                height:80px;
                line-height:80px;
            }
            #js span{
                color:#ff4400;
                font-size:24px;
            }
        </style>
    </head>
    <body>
        <div id="tp">
            <img src="images/jishi.jpg" width="500px">
            <div id="js">
                商品抢购倒计时还有:
                <span id="day"></span> 天
                <span id="hour"></span> 时
                <span id="minute"></span> 分
                <span id="second"></span> 秒
            </div>
        </div>
        <script>
            function jishi(){
                //1.确定倒计时时长：倒计时时长 = 商品抢购开始时间 - 系统当前时间
                var time,overTime,now;
                overTime=new Date(2023,9,10,0,0,0);
                now=new Date();
                time=overTime-now;

                //2.将倒计时time转换为天、时、分、秒
                time=time/1000;

                var day=parseInt(time/60/60/24);
                var hour=parseInt(time/60/60%24);
                var min=parseInt(time/60%60);
                var sec=parseInt(time%60);

                document.getElementById("day").innerHTML= day;
                document.getElementById("hour").innerHTML=hour;
                document.getElementById("minute").innerHTML=min;
                document.getElementById("second").innerHTML=sec;

                //3.设置计时器
                var timer=window.setTimeout("jishi()",1000);
            }
            window.onload=jishi;
        </script>
    </body>
</html>
```

(3) 保存文件，注意文件路径。

(4) 测试代码运行效果，查看显示结果。

【项目总结】

本项目主要介绍 JavaScript 的浏览器对象模型 BOM，包括 window 对象、location 对象、history 对象、navigator 对象、screen 对象等内容，同学们需要重点掌握每个对象的作用、属性及方法，以便在实际开发中能够灵活运用。

【问题探索】

一、理论题

1. 简述 JavaScript 的浏览器对象模型。
2. 简述 window 对象的作用。
3. 如何调用 BOM 各对象属性及方法？

二、实操题

1. 在页面载入时自动弹出一个欢迎访问窗口。
2. 利用 window 对象，实现指定时间关闭当前窗口案例。
3. 利用 screen 对象，实现网页显示窗口屏幕最大化效果。

【拓展训练】

编写一个页面，其中包含四个按钮：前一页、后一页、back、forward，分别能访问前一页、后一页、前进和后退。

项目七 DOM 特效开发

【春风化雨】

细节决定成败

老子说:"天下大事必作于细,天下难事必作于易。"意思是:做大事必须从小事开始,天下的难事,必定从容易的做起。"泰山不拒细壤,故能成其高;江海不择细流,故能就其深。"所以,大礼不辞小让,细节决定成败。

作为当代大学生,未来的 IT 从业者,应该怎么做?
(1)我们要养成良好的学习习惯。
(2)培养严谨细致的工作作风。
(3)培养认真的工作态度。
(4)培养工匠精神、社会责任感。
(5)为祖国贡献一份力量。

【学习目标】

(1)了解 DOM 模型的组成。
(2)掌握 DOM 中节点的常用属性和方法。
(3)掌握 DOM 节点的创建、插入、删除、复制和替换。
(4)培养严谨细致的工作作风。

【项目描述】

实现购物车全选、取消全选特效,当用户选择"全选"复选框时选中所有商品,当用户取消选中"全选"复选框时取消所有商品的选择,基本功能如下:

- 选中上面的全选复选框,下面所有的复选框都选中(全选)。
- 取消选中全选复选框,下面所有的复选框都不选中(取消全选)。
- 如果下面复选框全部选中,则上面的全选复选框自动选中。
- 如果下面复选框有一个没有选中,则上面的全选复选框就不选中。

页面效果如图 7-1 所示。

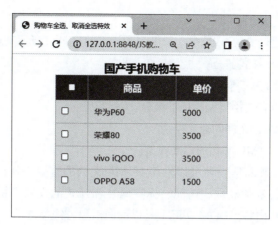

图 7-1　购物车全选、取消全选特效页面

【项目分析】

完成本项目的技术要点：

（1）全选和取消全选做法：让下面所有复选框的 checked 属性（选中状态）跟随全选按钮即可。

（2）下面复选框需要全部选中，上面全选才能选中做法是：给下面所有复选框绑定单击事件，每次单击，都要循环查看下面所有的复选框是否有没选中的，如果有一个没选中的，上面全选就不选中。

（3）设置一个变量，来控制全选是否选中。

任务 1　绘制 DOM 节点树

一、任务描述

根据如下 HTML 代码，画出该 HTML 页面的 DOM 树。

```
<!DOCTYPE html>
<html>
    <head>
        <title>DOM 节点树 </title>
    </head>
    <body>
        <h1> 面向的岗位 </h1>
        <p>web 前端工程师 </p>
    </body>
</html>
```

二、DOM 简介

DOM 是一项 W3C(World Wide Web Consortium) 标准，是 Document Object Model 的缩写，也就是文档对象模型，是一套规范文档内容的通用型标准。

视　频

DOM 简介

DOM 定义了访问文档的标准：

"W3C 文档对象模型（DOM）是中立于平台和语言的接口，它允许程序和脚本动态地访问、更新文档的内容、结构和样式。"

W3C DOM 标准被分为三个不同的部分：

（1）Core DOM：所有文档类型的标准模型。

（2）XML DOM：XML 文档的标准模型。

（3）HTML DOM：HTML 文档的标准模型。

DOM 对 JavaScript 来说是一种可以操作 HTML 文档的重要手段，利用 DOM 可以完成对 HTML 文档内所有元素的获取、访问、标签属性和样式的设置等操作。也就是说，通过 DOM 可以动态改变文档内容。DOM 实际上是以面向对象方式描述的文档模型。DOM 定义了表示和修改文档所需的对象、这些对象的行为和属性以及这些对象之间的关系。可以把 DOM 认为是页面上数据和结构的一个树状表示，不过页面当然可能并不是以这种树的方式具体实现。

三、DOM 节点树

HTML 文档根据节点作用，可分为以下几个方面：

整个文档（document）是一个文档节点，每个 HTML 标签是元素节点，HTML 标签内的文本是文本节点，每个 HTML 属性是属性节点，注释是注释节点。

根据 HTML 代码，可以画出该 DOM 节点树。通过节点树来更深刻地理解如何使用 DOM 对元素进行操作。HTML 文档中的所有节点组成了一棵文档树。HTML 文档中的每个标签、属性、文本等都代表着树中的一个节点。树起始于文档节点，并由此继续延伸，直到处于这棵树最低级别的所有文本节点为止。

例如，以下 HTML 代码对应节点树如图 7-2 所示。

```html
<!DOCTYPE html>
<html>
  <head>
    <meta charset="UTF-8">
    <title>测试</title>
  </head>
  <body>
    <a href="#">链接</a>
    <p>段落...</p>
  </body>
</html>
```

通过这个对象模型，JavaScript 可获得动态 HTML，具备如下功能：

- JavaScript 能改变页面中的所有 HTML 元素。
- JavaScript 能改变页面中的所有 HTML 属性。
- JavaScript 能改变页面中的所有 CSS 样式。
- JavaScript 能删除已有的 HTML 元素和属性。
- JavaScript 能添加新的 HTML 元素和属性。

- JavaScript 能对页面中所有已有的 HTML 事件做出反应。
- JavaScript 能在页面中创建新的 HTML 事件。

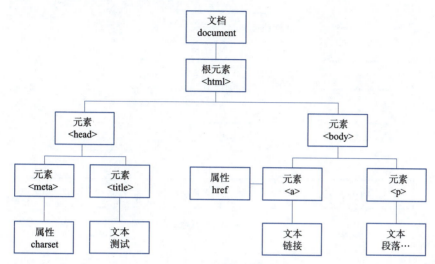

图 7-2　DOM 节点树

根据各节点之间的关系，又可分为以下几个方面：
- 根节点：<html> 标签是整个文档的根节点，有且仅由一个。
- 子节点：指的是某一个节点的下级节点。
- 父节点：指的是某一个节点的上级节点。
- 兄弟节点：两个节点同属于一个父节点。

从上面的 HTML 中可以看出：<html> 节点没有父节点，它是根节点；<head> 和 <body> 的父节点是 <html> 节点；文本节点 "段落…" 的父节点是 <p> 节点，并且 <html> 节点拥有两个子节点 <head> 和 <body>；<head> 节点拥有两个子节点 <meta> 和 <title> 节点；<title> 节点也拥有一个子节点文本节点 "测试"；<a> 和 <p> 节点是兄弟节点，同时也是 <body> 的子节点，并且 <head> 元素是 <html> 元素的首个子节点；<body> 元素是 <html> 元素的最后一个子节点；<a1> 元素是 <body> 元素的首个子节点；<p> 元素是 <body> 元素的最后一个子节点。

四、任务实现

根据以下 HTML 代码绘制的 DOM 节点树如图 7-3 所示。

```
<!DOCTYPE html>
<html>
    <head>
        <title>DOM 节点树 </title>
    </head>
    <body>
        <h1> 面向的岗位 </h1>
        <p>Web 前端工程师 </p>
    </body>
</html>
```

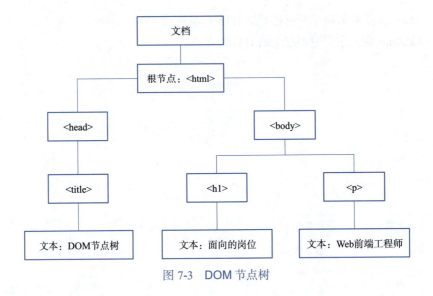

图 7-3　DOM 节点树

任务 2　改变导航菜单样式

一、任务描述

完成鼠标指针移到菜单上时改变菜单样式，鼠标移出菜单时恢复为原来的样式，使用 style 改变元素样式或使用 className 改变元素样式。页面效果如图 7-4 所示。

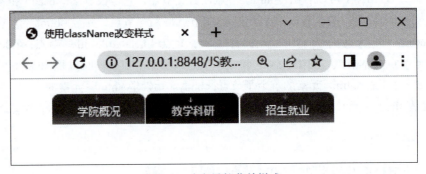

图 7-4　改变导航菜单样式

二、获取操作的元素

要实现 HTML 页面的特效设计，需要先获取 HTML 元素。JavaScript 中，利用 document 对象提供的方法可以完成对元素的获取操作。

HTML 文档元素可以通过元素的 ID、属性名和元素名来获取，获取的方法就是由 document 对象提供的元素获取方法来获得，可以通过 id 获得单个元素对象，通过属性名和元素名获取元素数组。

1. document对象的常用方法

获取操作的元素主要是通过document对象的方法，document对象的常用方法主要有四个，getElementById()可以根据指定id，获取到对象；getElementsByName()可以根据指定name名称，获取到对象集合；getElementsByTagName()可以根据指定标签名，获取到对象集合；getElementsByClassName()可以根据指定类名classname，获取到对象集合。document对象的常用方法见表7-1。

表 7-1　document 对象的常用方法

方　　法	说　　明
getElementById()	返回指定 id 的对象
getElementsByName()	返回带有指定名称的对象集合
getElementsByTagName()	返回带有指定标签名的对象集合
getElementsByClassName()	返回带有指定类名的对象集合

注意事项：除了getElementById()方法返回的是拥有指定id的元素外，其他方法返回的都是符合要求的一个集合。若要获取其中一个对象，可以通过下标的方式获取，默认从0开始。

2. HTML5新增的document对象方法

HTML5中为更方便获取操作的元素，为document对象新增了两个方法，分别为querySelector()和querySelectorAll()。

（1）querySelector()方法用于返回文档中匹配到指定的元素或CSS选择器的第1个对象的引用。

（2）querySelectorAll()方法用于返回文档中匹配到指定的元素或CSS选择器的对象集合。

[例7-1]获取操作的元素案例。

代码如下：

```html
<!DOCTYPE html>
<html lang="en">
    <head>
        <meta charset="UTF-8">
        <title>获取操作的元素 </title>
        <style>
            ul{
                line-height:30px;
            }

        </style>
    </head>
    <body>
        <ul id="list">
            <h2>我的课程 </h2>
```

```
                <li name="all" class="web">HTML+CSS 网站设计 </li>
                <li name="all" class="web">JavaScript 编程技术 </li>
                <li name="all" class="web">JQuery 框架 </li>
                <li name="all">Python 程序设计 </li>
                <li>JSP 程序设计 </li>
            </ul>
        </body>
            <script>
                // 1.使用 ID 的形式获取元素 -- 返回的是一个具体的对象
                var ul=document.getElementById('list');
                console.log(ul);

                // 2.使用 className 的形式获取元素 -- 返回的结果是一个类数组
                var webs=document.getElementsByClassName('web');
                console.log(webs);

                // 3.使用 tagName 的形式获取元素 -- 返回的结果是一个类数组
                var lis=document.getElementsByTagName('li');
                console.log(lis);

                // 4.使用 name 的形式获取元素 -- 返回的结果是一个类数组
                var alls=document.getElementsByName('all');
                console.log(alls);

                // querySelector() 和 querySelectorAll() 是采用类似于 CSS 选择器的形式获取元素

                // 5.使用 querySelector() 获取元素 -- 获取 CSS 选择器对应的元素的第一个对象
                var ul=document.querySelector('#list');
                // 以 ID 的形式
                console.log(ul);
                var web=document.querySelector('.web');
                // 匹配元素的第一个
                console.log(web);

                // 6.使用 querySelectorAll() 获取多个元素 -- 返回的是一个类数组
                var webs=document.querySelectorAll('.web');
                console.log(webs);
            </script>
        </body>
    </html>
```

三、改变元素属性

视频

元素属性

如果想动态改变文档中某些元素的属性，该如何实现呢？DOM 提供了获取及改变节点属性值的标准。利用 setAttribute() 可以设置指定属性的值，getAttribute() 可以获取指定元素的属性值，removeAttribute() 可以从元素中删除指定的属性，如需移除若干属性，应使用空格分隔属性名称。获取及改变节点属性值的常用方法见表 7-2。

表 7-2　获取及改变节点属性值的常用方法

名称	说明
setAttribute(name，value)	设置指定属性的值
getAttribute(name)	获取指定元素的属性值
removeAttribute(name)	从元素中删除指定的属性

[例 7-2] 元素属性案例，页面效果如图 7-5 所示。

图 7-5　元素属性

代码如下：

```
<html>
    <head>
        <title>元素属性</title>
        <meta charset="utf-8"></meta>
        <script type="text/javascript">
            function showsrc()
            {
                var picsrc=document.getElementById("pic").
                getAttribute("src");
                alert(picsrc);
            }
            function changepic()
            {
                var img=document.getElementsByTagName("img");
                img[0].setAttribute("src","img/book2.jpg");
            }
            function removepic()
            {
                var img=document.getElementsByTagName("img");
                img[0].removeAttribute("src");
```

```
        }
        </script>
    </head>
    <body>
        <img src="img/book1.jpg" id="pic">
        <br>
        <input type="button" value="显示图书路径" onclick="showsrc()">
        <input type="button" value="改变图片" onclick="changepic()">
        <input type="button" value="删除图片" onclick="removepic()">
    </body>
</html>
```

四、改变元素样式

获取元素以后,就可以操纵元素了,如修改元素的样式、大小、位置等。下面介绍如何修改元素的样式。元素样式按照书写方式,有行内样式、内部样式、外部样式。

对于行内样式,可以采用"style.属性"的方式进行读写,如果这个属性是单个单词,直接使用即可;如果这个属性是通过"-"连接的属性,则使用时需去掉短横线并将第二个及以后的单词首字母大写。

1. 使用style改变元素样式

元素样式语法:

`HTML元素.style.样式属性"值"`

要求:需要去掉 CSS 样式名里的中横线 "-",并将第二个英文首字母大写。使用 style 改变元素样式的名称见表 7-3。

表 7-3 使用 style 改变元素样式的名称

名称	说明
background	设置或返回元素的背景属性
backgroundColor	设置或返回元素的背景色
backgroudImage	设置或返回元素的背景图像
width	设置或返回元素的宽度
height	设置或返回元素的高度
fontFamily	设置或返回文本字体
fontSize	设置或返回文本的字号
textAlign	设置或返回文本的水平对齐方式
textDecoration	设置或返回文本的修饰

例如,设置背景颜色的 background-color,在 style 属性操作中,需要修改为 backgroundColor。

```
document.getElementById("titles").style.color="#ff0000";(对)
document.getElementById("titles").style.font-size="25p";(错)
```

2. 使用className改变元素样式

元素样式语法：

HTML元素.className="类样式名"

例如，over 和 out 分别为鼠标指针移到菜单上和移出菜单时的菜单样式：

```
<ul>
    <li onmouseover="this.className='over'" onmouseout="this.className='out'">学院概况</li>
    <li onmouseover="this.className='over'" onmouseout="this.className='out'">教学科研</li>
    <li onmouseover="this.className='over'" onmouseout="this.className='out'">招生就业</li>
</ul>
```

五、改变元素内容

在获取元素之后，改变元素内容的常用属性见表 7-4。

表 7-4　改变元素内容的常用属性

属　　性	说　　明
innerHTML	读写元素的开始标签和结束标签之间的内容
innerText	读写除标签外的内容
textContent	读写指定节点的文本内容

注意事项：

innerHTML：可以获取到标签，可以获取到子标签。

innerText：只能获取文本内容，把子标签当作文本获取。

textContent：只能获取文本内容，把子标签当作文本获取。

[例 7-3] 改变元素内容案例，页面效果如图 7-6 所示。

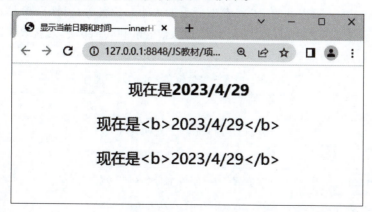

图 7-6　改变元素内容

代码如下：

```
<!DOCTYPE html>
<html>
```

```html
<head>
    <meta charset="utf-8" />
    <title>显示当前日期和时间——innerHTML、innerText 和 textContent</title>
    <style>
      p{
          font-size:20px;
          text-align:center;
      }
    </style>
</head>
<body>
    <p>现在是<span id="time1"></span></p>
    <p>现在是<span id="time2"></span></p>
    <p>现在是<span id="time3"></span></p>
    <script type="text/javascript">
        function Show(){
            var time1=document.getElementById("time1");
            var time2=document.getElementById("time2");
            var time3=document.getElementById("time3");
            var now=new Date();
            var date=now.toLocaleDateString();
            var dateShow='<b>'+date+'</b>';
            time1.innerHTML=dateShow;
            time2.innerText=dateShow;
            time3.textContent=dateShow;
        }
        Show();
    </script>
</body>
</html>
```

六、改变元素位置和大小

在 JavaScript 中，可以通过 DOM 获取元素的大小、位置等，利用 offsetLeft 和 offsetTop 两个属性获取元素到页面边框的距离，利用 offsetWidth 和 offsetHeight 获取元素自身的大小。改变元素位置和大小的常用属性见表 7-5。

表 7-5 改变元素位置和大小的常用属性

属性	说明
offsetLeft	获取元素相对父元素左边框的偏移量
offsetTop	获取元素相对父元素上边框的偏移量
offsetWidth	获取元素自身的宽度，包括边框和内边距
offsetHeight	获取元素自身的高度，包括边框和内边距

1. offsetLeft属性

offsetLeft 是一个只读属性，返回当前元素相对于 offsetParent 节点左边界的偏移像素值。返回值包含：元素向左偏移的像素值，元素的外边距（margin）；offsetParent 元素的左侧内边距（padding）、边框（border）及滚动条。

2. offsetTop属性

offsetTop 是一个只读属性，返回当前元素相对于 offsetParent 节点顶部边界的偏移像素值。返回值包含：元素顶部偏移的像素值，元素的外边距（margin）；offsetParent 元素的顶部内边距（padding）、边框（border）及滚动条。

3. offsetWidth属性

offsetWidth 是一个只读属性，它返回该元素的像素宽度，宽度包含内边距（padding）和边框（border），不包含外边距（margin），是一个整数，单位是像素（px）。通常，元素的 offsetWidth 是一种元素 CSS 宽度的衡量标准，包括元素的边框、内边距和元素的水平滚动条。

4. offsetHeight属性

offsetHeight 是一个只读属性，它返回该元素的像素高度，高度包含内边距（padding）和边框（border），不包含外边距（margin），是一个整数，单位是像素（px）。通常，元素的 offsetHeight 是一种元素 CSS 高度的衡量标准，包括元素的边框、内边距和元素的水平滚动条。

注意事项：offsetParent 元素是一个指向最近的（指包含层级上的最近）包含该元素的定位元素或者最近的元素。

[例7-4] 改变元素内容 offsetLeft 和 offsetTop 案例，页面效果如图 7-7 所示。

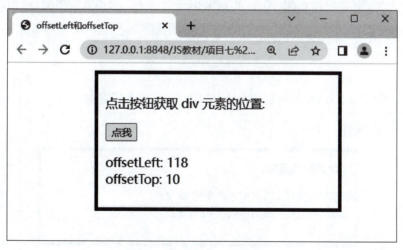

图 7-7　offsetLeft 和 offsetTop

代码如下：
```
<!DOCTYPE html>
<html>
    <head>
        <meta charset="utf-8">
        <title>offsetLeft 和 offsetTop</title>
        <style>
            #test {
```

```
                left: 100px;
                margin: 10px;
                padding: 10px;
                width: 300px;
                position: relative;
                border: 5px solid black
            }
        </style>
    </head>
    <body>
        <div id="test">
          <p>单击按钮获取 div 元素的位置:</p>
          <p><button onclick="myFunction()">点我</button></p>
          <p id="demo">offsetLeft:<br>offsetTop:</p>
        </div>
        <script>
          function myFunction() {
            var testDiv=document.getElementById("test");
            var demoDiv=document.getElementById("demo");
            demoDiv.innerHTML="offsetLeft:" + testDiv.offsetLeft + "<br>offsetTop:" + testDiv.offsetTop;
          }
        </script>
    </body>
</html>
```

[例 7-5] 改变元素内容 offsetWidth 和 offsetHeight 案例，页面效果如图 7-8 所示。

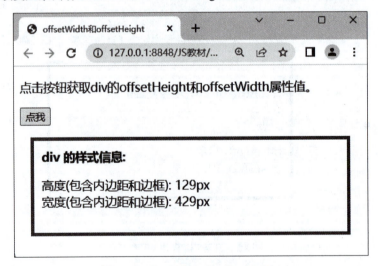

图 7-8　offsetWidth 和 offsetHeight

代码如下：

```
<!DOCTYPE html>
<html>
    <head>
        <meta charset="utf-8">
        <title>offsetWidth 和 offsetHeight</title>
```

```
        <style>
        #myDIV {
          height: 100px;
          width: 400px;
          padding: 10px;
          margin: 15px;
          border: 5px solid red;
        }
        </style>
    </head>
    <body>
        <p>单击按钮获取 div 的 offsetHeight 和 offsetWidth 属性值。</p>
        <button onclick="myFunction()">点我</button>
        <div id="myDIV">
          <b>div 的样式信息:</b><br>
          <p id="demo"></p>
        </div>
        <script>
        function myFunction() {
          var elem=document.getElementById("myDIV");
          var txt="";
          txt+=" 高度（包含内边距和边框）:" + elem.offsetHeight + "px<br>";
          txt+=" 宽度（包含内边距和边框）:" + elem.offsetWidth + "px";
          document.getElementById("demo").innerHTML=txt;
        }
        </script>
    </body>
</html>
```

七、任务实现

完成动态改变导航菜单样式任务。

分析：

（1）鼠标指针移到菜单上时改变菜单样式。

（2）鼠标指针移出菜单时恢复为原来的样式。

（3）设置项目列表的初始状态。

（4）使用 document.getElementsByTagName("li") 获取所有的 <li> 标签。

（5）为每一个 <li> 标签绑定事件，设置鼠标移入移出的效果。

具体操作步骤如下：

（1）启动代码编辑软件，新建页面。

（2）在页面中编写代码。

①使用 style 改变元素样式方法一：

```
<!DOCTYPE html>
<html>
    <head>
        <meta charset="utf-8" />
        <title>使用 style 改变样式 </title>
```

视 频

动态改变导航
菜单样式

```html
        <style type="text/css">
           li{
               font-size:12px;
               color:#ffffff;
               background-image:url(images/bg1.gif);
               background-repeat:no-repeat;
               text-align:center;
               height:33px;
               width:104px;
               line-height:38px;
               float:left;
               list-style:none;
               }
        </style>
   </head>

   <body>
       <ul>
           <li onmouseover="this.style.backgroundImage='url(images/bg2.gif)'" onmouseout="this.style.backgroundImage='url(images/bg1.gif)'">学院概况 </li>
           <li onmouseover="this.style.backgroundImage='url(images/bg2.gif)'" onmouseout="this.style.backgroundImage='url(images/bg1.gif)'">教学科研 </li>
           <li onmouseover="this.style.backgroundImage='url(images/bg2.gif)'" onmouseout="this.style.backgroundImage='url(images/bg1.gif)'">招生就业 </li>
       </ul>
   </body>
</html>
```

②使用 style 改变元素样式方法二：

```html
<body>
    <ul>
        <li>学院概况 </li>
        <li>教学科研 </li>
        <li>招生就业 </li>
    </ul>
    <script type="text/javascript">
        var len=document.getElementsByTagName("li");
        for(var i=0;i<len.length;i++){
            len[i].onmouseover=function(){
                this.style.backgroundImage="url(images/bg2.gif)";
                }
            len[i].onmouseout=function(){
                this.style.backgroundImage="url(images/bg1.gif)";
                }
            }
    </script>
</body>
```

③使用 className 改变元素样式方法一：

```html
<!DOCTYPE html>
<html>
    <head>
        <meta charset="utf-8" />
        <title>使用 className 改变样式</title>
        <style type="text/css">
            li{
                font-size:12px;
                color:#ffffff;
                background-image:url(images/bg1.gif);
                background-repeat:no-repeat;
                text-align:center;
                height:33px;
                width:104px;
                line-height:38px;
                float:left;
                list-style:none;
            }
            .out{
                background-image:url(images/bg1.gif);
            }
            .over{
                background-image:url(images/bg2.gif);
                color:#ffff00;
                font-weight:bold;
                cursor:hand;
            }
        </style>
    </head>

    <body>
        <ul>
            <li onmouseover="this.className='over'" onmouseout="this.className='out'">学院概况</li>
            <li onmouseover="this.className='over'" onmouseout="this.className='out'">教学科研</li>
            <li onmouseover="this.className='over'" onmouseout="this.className='out'">招生就业</li>
        </ul>

    </body>
</html>
```

④使用 className 改变元素样式方法二：

```html
<!DOCTYPE html>
<html>
    <head>
        <meta charset="utf-8" />
        <title>使用 className 改变样式</title>
        <style type="text/css">
            li{
```

```css
            font-size:12px;
            color:#ffffff;
            background-image:url(images/bg1.gif);
            background-repeat:no-repeat;
            text-align:center;
            height:33px;
            width:104px;
            line-height:38px;
            float:left;
            list-style:none;
        }
        .out{
            background-image:url(images/bg1.gif);
        }
        .over{
            background-image:url(images/bg2.gif);
            color:#ffff00;
            font-weight:bold;
            cursor:hand;
        }
    </style>
</head>

<body>
    <ul>
    <li>学院概况</li>
    <li>教学科研</li>
    <li>招生就业</li>
    </ul>
    <script type="text/javascript">
        var len=document.getElementsByTagName("li");
            for(var i=0;i<len.length;i++){
                len[i].onmouseover=function(){
                    this.className="over";
                }
                len[i].onmouseout=function(){
                    this.className="out";
                }

            }
    </script>
</body>
</html>
```

(3)保存文件,注意文件路径。

(4)测试代码运行效果,查看显示结果。

任务 3　动态添加表格

一、任务描述

完成动态添加表格任务、增加一行、删除一行、复制一行、修改标题模式等操作，使用 DOM 动态操作表格。页面效果如图 7-9 所示。

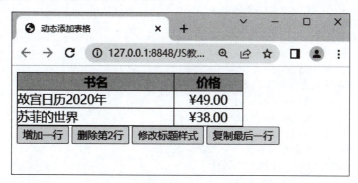

图 7-9　动态添加表格

二、获取节点

HTML 文档可以看作一棵树，可以利用节点之间的关系来获取节点，从而操作 HTML 中的元素。获取节点属性见表 7-6。

视　频

获取节点

表 7-6　获取节点属性

属　　性	说　　明
childNodes	访问当前元素节点的所有子节点的集合
firstChild	访问当前节点的首个子节点
lastChild	访问当前节点的最后一个子节点
parentNode	访问当前元素节点的父节点
nextSibiling	返回同一树层级中指定节点之后紧跟的节点
previousSibling	返回同一树层级中指定节点的前一个节点

[例 7-6] 获取节点案例。

```
<!DOCTYPE html>
<html lang="en">
<head>
    <meta charset="UTF-0">
    <title>获取节点</title>
    <style>
        ul{
            line-height:30px;
        }
    </style>
```

```
</head>
<body>
    <ul id="list">
        <h2>我的课程</h2>
        <li>HTML+CSS 网站设计 </li>
        <li>JavaScript 编程技术 </li>
        <li>JQuery 框架 </li>
        <li>Python 程序设计 </li>
        <li>JSP 程序设计 </li>
    </ul>
    <script>
        // 获取元素
        var ul=document.getElementById('list');
        console.log(ul);
        // 节点 = 元素节点 + 文本节点
        // 所有的子节点
        var childNodes=ul.childNodes;
        console.log(childNodes);
        // 通过 ul 元素查找第一个子元素节点 li
        var firstLi=ul.firstChild;
        console.log(firstLi);
        // 通过 ul 元素查找最后一个子元素节点 li
        var lastLi=ul.lastChild;
        console.log(lastLi);
        // 父级节点 parentNode
        var parent=firstLi.parentNode;
        console.log(parent);
        // 通过 firstLi 查找下一个节点
        var nextNode=firstLi.nextSibling;
        console.log(nextNode);
        // 上一个节点
        var prevNode=lastLi.previousSibling;
        console.log(prevNode);
    </script>
</body>
</html>
```

三、创建和插入节点

视频

创建节点

1. 创建节点

在 JavaScript 中，可以自己来创建节点。创建节点主要是指创建元素节点对象、创建文本节点对象和创建属性节点对象，一般使用 Document 对象的 createElement()、createTextNode() 等方法创建节点对象。具体见表 7-7。

表 7-7 创建节点方法

方法	说明
createElement()	创建元素节点
createTextNode()	创建文本节点

续表

方法	说明
createAttribute()	创建属性节点
getAttributeNode()	返回指定名称的属性节点
setAttributeNode()	设置或者改变指定名称的属性节点

创建节点具体使用方法如下：

```
var node=document.createElement("li");                    //创建元素节点
var nodetext=document.createTextNode("JavaScript");       //创建文本节点
var attr=document.createAttribute("style");               //创建属性节点
```

2. 插入节点

前面创建了元素节点、文本节点、属性节点，接下来需要把它们放到 HTML 文档中，在这里使用 appendChild()、insertBefore() 等方法将创建好的节点对象添加到 HTML 文档中的指定位置。

lappendChild(newNode)：在指定元素的子节点列表的末尾添加一个节点。

linsertBefore(newNode，node)：为当前节点增加一个子节点（插入到指定子节点之前）。

[例 7-7] 创建、插入节点案例，页面效果如图 7-10 所示。

图 7-10 创建、插入节点

代码如下：

```
<!DOCTYPE html>
<html lang="en">
<head>
    <meta charset="UTF-8">
    <title>创建和插入节点</title>
    <style>
        ul{
            line-height:30px;
        }
```

```
        </style>
</head>
<body>
    <ul id="list">
        <h2>我的课程</h2>
        <li>HTML+CSS 网站设计 </li>
        <li>JavaScript 编程技术 </li>
        <li>JQuery 框架 </li>
        <li>Python 程序设计 </li>
        <li>JSP 程序设计 </li>
    </ul>

    <script>
         // 查找节点
       var ul=document.getElementById("list");
       var li=document.getElementsByTagName("li");

       //1.创建元素节点、属性节点、文本节点
       var node=document.createElement("li");            // 创建元素节点
       var nodetext=document.createTextNode("BootStrap 框架 ");
       // 创建文本节点
       node.appendChild(nodetext);
       var attr=document.createAttribute("style");       // 创建属性节点
       attr.value="color:red";
       node.setAttributeNode(attr);
       ul.appendChild(node);
       //ul.insertBefore(node,li[2]);

    </script>
</body>

</html>
```

四、删除、复制和替换节点

删除、复制和替换节点

1. 删除节点

如需删除 HTML 元素，可使用 remove() 方法。

removeChild() 方法：从子节点列表中删除某个节点。如删除失败，则返回 NULL。

2. 复制节点

如需复制元素，可使用 cloneNode() 方法。

cloneNode() 方法：复制某个指定节点。

括号中可以有参数，值为 true 或 false。

（1）cloneNode(true)：复制当前节点的所有子孙节点。

（2）cloneNode(false)：false 可以省略，只复制当前节点。

3. 替换节点

如需替换元素，可使用 replaceChild() 方法。

replaceChild() 方法：实现子节点的替换。

语法：replaceChild (newnode, oldnode)

参数：

（1）newnode：新节点，用于替换 oldnode 的对象。

（2）oldnode：旧节点，被 newnode 替换的对象。

[例 7-8] 删除、复制和替换节点案例，页面效果如图 7-11 所示。

图 7-11　删除、复制和替换节点

代码如下：

```
<!DOCTYPE html>
<html lang="en">
<head>
    <meta charset="UTF-8">
    <title>节点操作</title>
    <style>
        ul{
            line-height:30px;
        }

    </style>
</head>
```

```html
<body>
   <ul id="list">
       <h2> 我的课程 </h2>
       <li>HTML+CSS 网站设计 </li>
       <li>JavaScript 编程技术 </li>
       <li>JQuery 框架 </li>
       <li>Python 程序设计 </li>
       <li>JSP 程序设计 </li>
   </ul>
   <button onclick="appendNode()"> 追加节点 </button>
   <button onclick="removeNode()"> 删除节点 </button>
   <button onclick="copyNode()"> 克隆节点 </button>
   <button onclick="replaceNode()"> 替换节点 </button>

   <script>
        // 查找节点
      var ul=document.getElementById("list");
      var li=document.getElementsByTagName("li");

      //1.创建图片元素节点
      var node=document.createElement("img");      // 图片节点
       node.setAttribute("src","img/a.jpg");       // 设置图片路径属性
      //2.末尾添加一个节点
      function appendNode(){
        ul.appendChild(node);
      }
      //3.删除指定节点
      function removeNode(){
          ul.removeChild(li[4]);
      }
      //4.克隆指定节点
      function copyNode(){
          var clonenode=node.cloneNode();
          ul.appendChild(clonenode);
      }
      //5.替换指定节点
       function replaceNode()
       {
           var newnode=document.createElement("img");
           newnode.setAttribute("src","img/b.jpg");
           ul.replaceChild(newnode,node);
       }

   </script>
</body>

</html>
```

五、任务实现

完成动态添加表格任务，如图 7-12 所示。

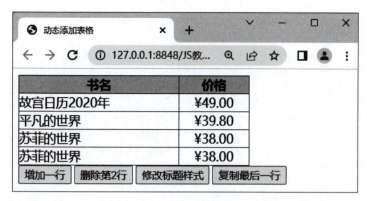

图 7-12 动态添加表格修改后效果

任务分析：
（1）如何增加一行；
（2）如何删除一行；
（3）如何修改标题样式；
（4）如何复制一行。

具体操作步骤如下：
（1）启动代码编辑软件，新建页面。
（2）在页面中编写代码，参考代码如下：

视 频

动态
添加表格

```
<html>
    <head>
        <meta charset="utf-8"></meta>
        <title>动态添加表格</title>
        <style type="text/css">
        body{
            font-size:13px;
            line-height:25px;
        }
        table{
            border-top:1px solid #333;
            border-left:1px solid #333;
            width:300px;
        }
        td{
            border-right:1px solid #333;
            border-bottom:1px solid #333;
        }
        .center{
            text-align:center;
        }

        </style>
        <script type="text/javascript">
            function addRow(){
                var fRow=document.getElementById("row3");
```

```javascript
            var newRow=document.createElement("tr");
                    // 创建行节点
            var col1=document.createElement("td");
                    // 创建单元格节点
            col1.innerHTML=" 平凡的世界 ";
                    // 为单元格添加文本
            var col2=document.createElement("td");
            col2.innerHTML="&yen;39.80";
            col2.setAttribute("align","center");
            newRow.appendChild(col1);
                    // 把单元格添加到行节点中
            newRow.appendChild(col2);
              document.getElementById("row3").parentNode.insertBefore(newRow,fRow);    // 把行节点添加到表格末尾
        }
        function updateRow(){
            var uRow=document.getElementById("row1");
            // 标题行设置为字体加粗、文本居中显示，背景颜色为灰色
              uRow.setAttribute("style","font-weight:bold;text-align:center;background-color:#cccccc;");
        }

        function delRow(){
            var dRow=document.getElementById("row2");
                    // 访问被删除的行
            dRow.parentNode.removeChild(dRow);
                    // 删除行
        }

        function copyRow(){
            var oldRow=document.getElementById("row3");
                    // 访问复制的行
            var newRow=oldRow.cloneNode(true);
                    // 复制指定的行及子节点
              document.getElementById("myTable").appendChild(newRow);    // 在指定节点的末尾添加行
        }
    </script>
  </head>

  <body>
        <table border="0" cellspacing="0" cellpadding="0" id="myTable">
      <tr id="row1">
       <td> 书名 </td>
       <td> 价格 </td>
      </tr>
      <tr id="row2">
       <td> 故宫日历 2020 年 </td>
       <td class="center">&yen;49.00</td>
      </tr>
```

```html
        <tr id="row3">
            <td> 苏菲的世界 </td>
            <td class="center">&yen;38.00</td>
        </tr>
        </table>
        <input name="b1" type="button" value=" 增加一行 " onclick="addRow()" />
        <input name="b2" type="button" value=" 删除第 2 行 "onclick="delRow()"/>
        <input name="b3" type="button" value="修改标题样式"onclick="updateRow()"/>
        <input name="b4" type="button" value=" 复制最后一行 "onclick="copyRow()" />
    </body>
</html>
```

（3）保存文件，注意文件路径。

（4）测试代码运行效果，查看显示结果。

【项目实施】

实现购物车全选、取消全选特效，参考代码如下：

```html
<!DOCTYPE html>
<html>
    <head>
        <meta charset="UTF-8">
        <title>购物车全选、取消全选特效</title>
        <style>
            * {
                padding: 0;
                margin: 0;
            }
            .wrap {
                width: 300px;
                margin: 10px auto 0;
            }
            table {
                border-collapse:collapse;
                border-spacing: 0;
                border: 1px solid #c0c0c0;
                width: 300px;
            }
            th,
            td {
                border: 1px solid #d0d0d0;
                color:#404060;
                padding: 10px;
            }
            th {
                background-color:seagreen;
                font:bold 16px " 微软雅黑 ";
                color:#fff;
            }
```

```html
            td {
                font:14px "微软雅黑";
            }
            tr {
                background-color:#f0f0f0;
            }
        </style>
    </head>
    <body>
        <div class="wrap">
            <h3 style="text-align:center;">国产手机购物车</h3>
            <table>
                <tr>
                    <th>
                        <input type="checkbox" id="selectAll" />
                    </th>
                    <th>商品</th>
                    <th>单价</th>
                </tr>
                <tr>
                    <td>
                        <input type="checkbox" name="product"onclick="single_check()"/>
                    </td>
                    <td>华为 P60</td>
                    <td>5000</td>
                </tr>
                <tr>
                    <td>
                        <input type="checkbox" name="product" onclick="single_check()"/>
                    </td>
                    <td>荣耀 80</td>
                    <td>3500</td>
                </tr>
                <tr>
                    <td>
                        <input type="checkbox" name="product" onclick="single_check()"/>
                    </td>
                    <td>vivo iQOO</td>
                    <td>3500</td>
                </tr>
                <tr>
                    <td>
                        <input type="checkbox" name="product" onclick="single_check()"/>
                    </td>
                    <td>OPPO A58</td>
                    <td>1500</td>
```

```html
            </tr>
        </table>
    </div>
    <script>
        // 获取元素
        var selectAll=document.getElementById('selectAll'); // 全选按钮
        var oInput= document.getElementsByName('product');
        // 下面所有的复选框
        // 绑定事件
        selectAll.onclick=function() {
            for(var i=0;i<oInput.length;i++)
              {
                if(document.getElementById("selectAll").checked==true)
                {
                  oInput[i].checked=true;
                }
                else
                {
                  oInput[i].checked=false;
                }
              }
        }
        function single_check(){
          var input=document.getElementsByName("product");
          var j=0;
            for(var i=0;i<input.length;i++){
              if (input[i].checked==true){
                j=j+1;
              }
            }

            if(j==input.length){
              document.getElementById("selectAll").checked=true;
            }
            else{
              document.getElementById("selectAll").checked=false;
            }
        }
    </script>
</body>

</html>
```

【项目总结】

本项目介绍了如何利用 DOM 方式在 JavaScript 中操作 HTML 和 CSS 样式、属性及内容，以及根据开发需要通过节点的方式创建、插入、复制、替换和删除指定的元素，通过项目实施增强实践能力。

【问题探索】

一、理论题

1. 简述什么是 DOM。
2. 简述 DOM 有哪些节点。
3. 查询元素有几种常见的方法？HTML5 新增的元素选择方法是什么？

二、实操题

1. 发布留言操作。在文本框中输入留言，单击"发布"按钮，即可发布留言，如果输入留言内容为空，则提示"您没有输入内容"，页面效果如图 7-13 所示。

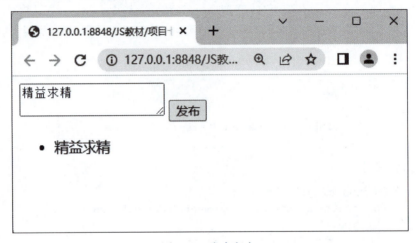

图 7-13　发布留言

2. 单击"全选"时五个复选框全部选中，单击"全不选"时五个复选框都不选择，页面效果如图 7-14 所示。

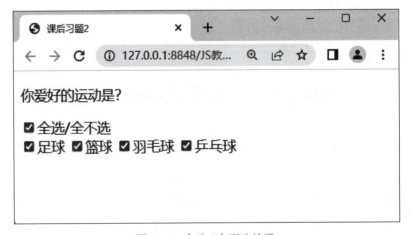

图 7-14　全选 / 全不选效果

3. 实现动态添加表格，内容自拟，实现功能包括：增加一行、删除一行、复制一行。

【拓展训练】

实现鼠标指针移入移出变色特效,当鼠标指针经过 <li> 标签时,当前元素改变背景色为红色,当鼠标指针离开时,去掉当前的背景色,页面效果如图 7-15 所示。

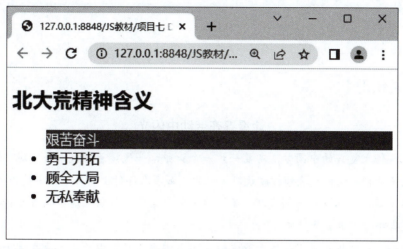

图 7-15　变色特效

项目八　应用事件开发特效

【春风化雨】

让青春在劳动中闪光

中华民族伟大复兴的中国梦，需要一步一个脚印、一代接着一代人去实现。中华民族伟大复兴，绝不是轻轻松松、敲锣打鼓就能实现的。必须准备付出更为艰巨、更为艰苦的努力。把蓝图变为现实，将革命进行到底，无不呼唤不驰于空想、不骛于虚声的奋斗精神，无不需要一步一个脚印踏踏实实干好工作。

当今社会，科技推广运用的速度异常快，同学们要在社会中立足，要在竞争中胜出，更需靠"智"去创造，在干中学，在学中干，爱岗敬业，乐于奉献，以主人翁的姿态全身投入；钻研技术，精益求精，做创新发展的先行者，在实践中汲取智慧和力量，掌握谋生和为社会做贡献的技巧，以担负强国的重任。

弘扬劳动精神，就是要脚踏实地，兢兢业业，追求卓越；就是要干一行爱一行，专一行精一行，立足平凡的工作岗位，干出不平凡的业绩，用劳动成果展现自我价值，用实干精神为党和人民的事业贡献力量。

"三百六十行，行行出状元。"任何一个大项目，任何一个新发明都需要不同的劳动予以完善，大技术、大项目需要工匠，看似不起眼的平凡工作同样需要工匠，工匠无处不在，只有劳动者处处发扬工匠精神，企业才能多出效益。

人世间的美好梦想，只有通过诚实劳动才能实现；

发展中的各种难题，只有通过诚实劳动才能破解；

生命里的一切辉煌，只有通过诚实劳动才能铸就。

【学习目标】

（1）掌握事件及事件处理的概念。

（2）掌握事件对象的概念及应用。

（3）掌握事件绑定的方法。

（4）掌握常用事件（鼠标事件、键盘事件、页面事件和表单事件）的应用。

（5）培养学生的劳动精神。

【项目描述】

实现选项卡 tab 切换效果，鼠标指针移入不同的选项卡中国文学、中华诗词和中华文字时，下方会显示不同的内容。页面效果如图 8-1 所示。

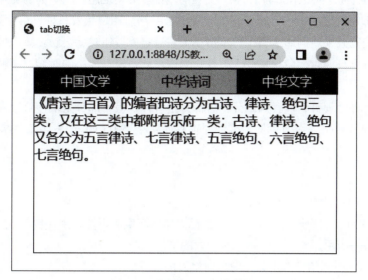

图 8-1　选项卡 tab 切换效果

【项目分析】

完成本项目的技术要点：
（1）设置索引号来切换内容。
（2）使用 className 添加 tab 样式。
（3）使用 onmouseover 鼠标事件。
（4）使用 display 属性设置显示隐藏。

任务 1　初识事件

一、任务描述

通过事件的绑定的三种不同方式（行内绑定式、动态绑定式、事件监听式）分别实现单击按钮弹出相应的对话框。在页面上设置三个按钮，分别显示"行内绑定""动态绑定""事件监听"字样，当用户单击"行内绑定"按钮，弹出"人世间的美好梦想，只有通过诚实劳动才能实现"对话框；当用户单击"动态绑定"按钮，弹出"发展中的各种难题，只有通过诚实劳动才能破解"对话框；当用户单击"事件监听"按钮，弹出"生命里的一切辉煌，只有通过诚实劳动才能铸就"对话框。

二、事件处理

1. 事件概述

视 频
事件处理

事件是 JavaScript 与 HTML 交互的基础。要实现用户与页面的交互,先要对目标元素绑定特定的事件、设置事件处理函数,然后用户触发事件,事件处理函数执行,产生交互效果。例如,当用户单击一个超链接或按钮时就会触发单击事件;当浏览器载入一个页面时,会触发载入事件;当用户调整窗口大小的时候,会触发改变窗口大小事件。

事件处理机制包含两部分:一部分是事件;另一部分是事件处理程序。页面对不同访问者的响应称为事件。事件处理程序是指当 HTML 中发生某些事件时所调用的方法。

2. 事件分类

JavaScript 事件大致可以分为以下四类:

(1)鼠标事件。用户进行单击或移动鼠标操作而产生的事件,主要包括:

- click——当用户单击某个对象时触发的事件。
- dblclick——当用户双击某个对象时触发的事件。
- mousedown——鼠标按键被按下时触发的事件。
- mouseup——鼠标按键被松开时触发的事件。
- mouseover——鼠标移到某元素上触发的事件。
- mousemove——鼠标被移动时触发的事件。
- mouseout——鼠标从某元素移开时触发的事件。

(2)键盘事件。用户在使用键盘输入时触发的事件,主要包括:

- keydown——某个键盘按键被按下时触发的事件。
- keypress——某个键盘按键被按下并松开时触发的事件。
- keyup——某个键盘按键被松开时触发的事件。

(3)表单事件。表单相关的事件,是 JavaScript 中最常用的事件,主要包括:

- submit——表单提交时触发的事件。
- reset——表单重置时触发的事件。
- change——表单元素内容改变时触发的事件。
- select——文本选中时触发的事件。
- focus——表单元素获得焦点时触发的事件。
- blur——表单元素失去焦点时触发的事件。

(4)页面事件。因页面状态的变化而产生的事件,主要包括:

- load——一张页面或一幅图像完成加载时触发的事件。
- unload——用户退出页面时触发的事件。
- resize——用户改变窗口大小时触发的事件。
- error——加载文档或图像时发生错误时触发的事件。

注意事项:事件的绑定和移除是通过事件的属性进行的。在 JavaScript 中,事件属性名称就是 on+ 事件名称。如 click 是单击事件名，onclick 就是对应的事件属性名，也可以将事件属性名简称为事件名。

3. 事件的绑定方式

事件绑定指的是为某个元素对象的事件绑定事件处理程序。在 JavaScript 中，事件绑定一共有三种方式：行内绑定式、动态绑定式、事件监听式。

（1）行内绑定式。事件的行内绑定式是通过 HTML 标签的属性设置实现的。基本语法如下：

<标签名　事件="事件的处理程序">

标签名可以是任意的 HTML 标签，如 <div> 标签、<button> 标签等；事件是由 on 和事件名称组成的一个 HTML 属性，如单击事件对应的属性名为 onclick；事件的处理程序指的是 JavaScript 代码，如匿名函数等。

注意事项： 由于开发中提倡 JavaScript 代码与 HTML 代码相分离。因此，不建议使用行内式绑定事件。

（2）动态绑定式。为了解决 JavaScript 代码与 HTML 代码混合编写的问题，使用动态绑定式来绑定事件，在 JavaScript 代码中，为需要事件处理的 DOM 元素对象，添加事件与事件处理程序。基本语法如下：

DOM元素对象.事件=事件的处理程序(通常是一个匿名函数)

（3）事件监听式。为了解决同一个 DOM 对象的同一个事件只能有一个事件处理程序的问题，实现给同一个 DOM 对象的同一个事件添加多个事件处理程序，可以使用事件监听式。

实现方式：具有兼容性问题，一类是早期版本的 IE 浏览器（如 IE 6~8），一类遵循 W3C 标准的浏览器（以下简称标准浏览器）。

早期版本的 IE 浏览器基本语法如下：

DOM对象.attachEvent(type,callback);

- 参数 type 指的是为 DOM 对象绑定的事件类型，它是由 on 与事件名称组成的，如 onclick。
- 参数 callback 表示事件的处理程序。

标准浏览器基本语法如下：

DOM对象.addEventListener(type,callback,[capture]);

- 参数 type 指的是 DOM 对象绑定的事件类型，它是由事件名称设置的，如 click。
- 参数 callback 表示事件的处理程序。
- 参数 capture 默认值为 false，表示在冒泡阶段完成事件处理，将其设置为 true 时，表示在捕获阶段完成事件处理。

三、任务实现

通过事件的绑定的三种不同方式（行内绑定式、动态绑定式、事件监听式）分别实现单击按钮弹出相应的对话框，页面效果如图 8-2 所示。

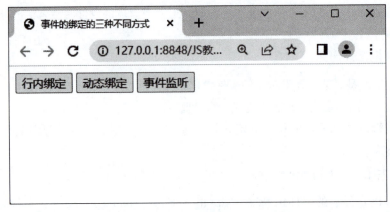

图 8-2　事件的绑定的三种不同方式

当用户单击"行内绑定"按钮，弹出"人世间的美好梦想，只有通过诚实劳动才能实现"对话框，如图 8-3 所示。

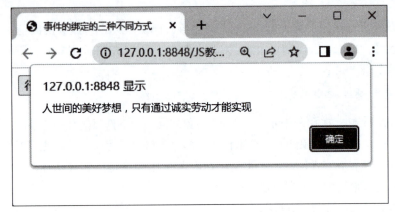

图 8-3　行内绑定式

当用户单击"动态绑定"按钮，弹出"发展中的各种难题，只有通过诚实劳动才能破解"对话框，如图 8-4 所示。

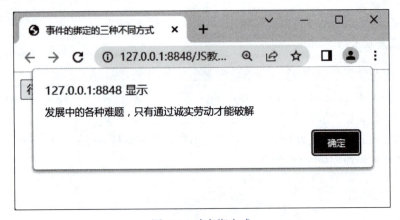

图 8-4　动态绑定式

当用户单击"事件监听"按钮，弹出"生命里的一切辉煌，只有通过诚实劳动才能铸就"

对话框，如图 8-5 所示。

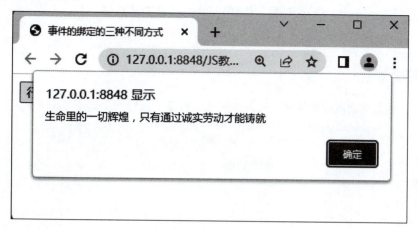

图 8-5　事件监听式

具体操作步骤如下：

（1）启动代码编辑软件，新建页面；

（2）在页面中编写代码，参考代码如下：

```
<!DOCTYPE html>
<html>
    <head>
        <meta charset="utf-8">
        <title>事件的绑定的三种不同方式</title>
    </head>
    <body>
        <button id='btn1' onclick="line()">行内绑定</button><!-- 行内绑定式 -->
        <button id='btn2'>动态绑定</button>
        <button id='btn3'>事件监听</button>
        <script>
            function line(){
                alert('人世间的美好梦想，只有通过诚实劳动才能实现');
            };
            // 动态绑定式
            var btn2=document.getElementById('btn2');
            btn2.onclick=function(){
                alert('发展中的各种难题，只有通过诚实劳动才能破解');
            };
            // 事件监听式
            var btn3=document.getElementById('btn3');
            btn3.addEventListener('click',function(){
                alert('生命里的一切辉煌，只有通过诚实劳动才能铸就');
            });
        </script>
    </body>
</html>
```

（3）保存文件，注意文件路径。

（4）测试代码运行效果，查看显示结果。

任务 2　跟随鼠标移动特效

一、任务描述

实现在页面上移动鼠标指针时，图片跟随鼠标移动。页面效果如图 8-6 所示。

图 8-6　跟随鼠标移动特效

二、事件对象

1. 事件对象简介

在触发 DOM 上的某个事件时，会产生一个事件对象 event。这个对象中包含着所有与事件有关的信息。包括导致事件的元素，事件的类型以及其他与特定事件相关的信息。鼠标操作导致的事件对象中，会包含鼠标位置的信息，键盘操作导致的事件对象中，会包含按下的键有关的信息。事件发生后，跟事件有关的一系列信息数据的集合都放到整个对象里面，这个对象就是事件对象 event，它有很多属性和方法。可以将代码中的 event 换成 e，当注册事件时，event 对象会被系统自动创建，并以此传递给事件处理函数。不需要传递实参。

2. 事件对象的常见属性和方法

通过事件对象，可以访问事件的发生状态，如事件名、键盘按键状态、鼠标位置等信息。其常用属性和方法见表 8-1。

表 8-1　事件对象的常用属性和方法

属性和方法	说　　明
e.target	返回触发事件的对象（标准）
e.srcElement	返回触发事件的对象（非标准）

续表

属性和方法	说明
e.type	返回事件的类型，如 click
e.cancelBubble	该属性阻止冒泡（非标准）
e.returnValue	该属性阻止默认事件/行为（非标准），如阻止链接跳转
e.preventDefult()	该属性阻止默认事件/行为（标准），如阻止链接跳转
e.stopPropagation()	阻止冒泡（标准）

三、鼠标事件

视 频

鼠标事件

在 JavaScript 中，鼠标事件是 Web 开发中最常用的事件类型，鼠标事件详细说明见表 8-2。

表 8-2 鼠标事件

事件类型	说明
onclick	鼠标单击某个对象
ondblclick	鼠标双击某个对象
onmouseover	鼠标指针被移到某元素之上
onmouseout	鼠标指针从某元素移开
onmousedown	某个鼠标按键被按下
onmouseup	某个鼠标按键被松开
onmousemove	鼠标被移动

1. 鼠标单击事件

鼠标单击事件包括四个：onclick（单击）、ondblclick（双击）、onmousedown（按下）和 onmouseup（松开）。其中 onclick 事件类型比较常用，而 onmousedown 和 onmouseup 事件类型多用在鼠标拖放、拉伸操作中。

2. 鼠标经过事件

鼠标经过包括移入和移出两种事件类型。当移动鼠标指针到某个元素上时，将触发 onmouseover 事件；而当把鼠标指针移出某个元素时，将触发 onmouseout 事件。

3. 鼠标移动事件

onmousemove 事件类型是一个实时响应的事件，当鼠标指针的位置发生变化时（至少移动一个像素），就会触发 onmousemove 事件。该事件响应的灵敏度主要参考鼠标指针移动速度的快慢以及浏览器跟踪更新的速度。

[例 8-1] 鼠标事件案例。

代码如下：

```
<!DOCTYPE html>
```

```html
<html>
    <head>
        <meta charset="UTF-8">
        <title>鼠标事件</title>
        <style>
           .txt{
                border-style:2px solid;
           }
        </style>
    </head>
    <body>
        <form action="">
           <p>鼠标事件</p>
           <input class="txt" type="text" name="name" id="input1" >
           <input class="txt" type="text" name="name" id="input2" >
           <input class="txt" type="text" name="name" id="input3" >
           <br><br><br>
           <button id="btn1">单击</button>
           <button id="btn2">双击</button>
        </form>
        <script type="text/javascript">
           // 鼠标事件
           // 单击
           btn1=document.getElementById("btn1");
           btn1.onclick=function(){
               alert("你单击了我!");
           }
           // 双击
            btn2=document.getElementById("btn2");
           btn2.ondblclick=function(){
               alert("你双击了我!");
           }
           // 鼠标移入
           inobj=document.getElementById('input1');
           inobj.onmouseover=function(){
               this.value="I love javascript";
           }
           // 鼠标移出
           inobj.onmouseout=function(){
               this.value="I love jQuery";
           }
           inobj2=document.getElementById('input2');
           // 鼠标按下
           inobj2.onmousedown=function(){
               this.value="你已按下鼠标!";
           }
           // 鼠标松开
            inobj2.onmouseup=function(){
               this.value="你已松开鼠标!";
           }
           inobj3=document.getElementById('input3');
```

```
            //鼠标移动
            inobj3.onmousemove=function(){
                this.value="javascript";
            }
        </script>
    </body>
</html>
```

[例 8-2] 鼠标移入移出显示不同图片。

在页面上鼠标指针移入和移出时，分别显示不同的图片，如图 8-7 和图 8-8 所示。

图 8-7　鼠标移入显示开灯图

图 8-8　鼠标移出显示关灯图

实现代码如下：

```
<!DOCTYPE html>
<html>
```

```html
<head>
    <meta charset="UTF-8">
    <title>鼠标移入移出显示不同图片 -- 电灯开关</title>
</head>
<body>
    <center>
        <img id="light" src="img/off.png">
    </center>
    <script>
        imgid=document.getElementById("light");
        imgid.onmouseover=function(){
           imgid.src="img/on.png";      // 换开灯图
        };
        imgid.onmouseout=function(){
           imgid.src="img/off.png";     // 换关灯图
        };
    </script>
</body>
</html>
```

四、任务实现

分析：

（1）根据任务描述，首先通过 pageX 和 pageY 获得鼠标的位置。

（2）通过设置图片的位置和鼠标的位置一致，来实现图片的移动效果。

（3）将事件驱动程序绑定到鼠标事件 onmousemove 上，当移动鼠标时，图片也跟随移动。

具体操作步骤如下：

（1）启动代码编辑软件，新建页面；

（2）在页面中编写代码，参考代码如下：

```html
<!DOCTYPE html>
<html>
    <head>
        <meta charset="UTF-8">
        <title>跟随鼠标移动特效</title>
        <style type="text/css">
          #pic1 {
              position:absolute;
          }
        </style>
    </head>
    <body>
        <img src="img/angel.jpg" width="100px" id="pic1" />
        <script type="text/javascript">
           var pic1=document.getElementById("pic1");
           document.onmousemove=function(e) {
                // 只要鼠标移动，就会触发
                var x=e.pageX;
                var y=e.pageY;
                pic1.style.left=x+20+"px";
```

```
                pic1.style.top=y-20+"px";
            }
        </script>
    </body>
</html>
```

(3)保存文件,注意文件路径。

(4)测试代码运行效果,查看显示结果。

任务3　快递单号查询

一、任务描述

当用户在"快递单号"文本框中输入内容时,文本框上面自动显示大号字的内容。如果用户输入为空,需要隐藏大号字内容。初始页面,没有输入快递单号,效果如图8-9所示;输入快递单号页面效果如图8-10所示。

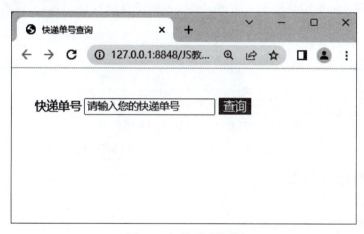

图8-9　初始页面效果

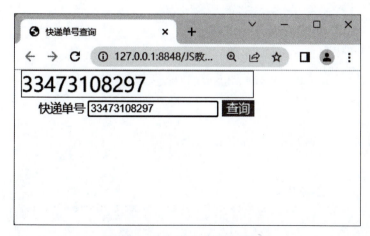

图8-10　输入快递单号页面效果

二、键盘事件

视 频

键盘事件

在 JavaScript 中,当用户操作键盘时,会触发键盘事件。键盘事件主要包括下面三种类型:

keydown:在键盘上按下某个键时触发。如果按住某个键,会不断触发该事件。该事件处理函数返回 false 时,会取消默认的动作(如输入的键盘字符)。

keypress:按下某个键盘键并释放时触发。如果按住某个键,会不断触发该事件。该事件处理函数返回 false 时,会取消默认的动作(如输入的键盘字符)。

keyup:释放某个键盘键时触发。该事件仅在松开键盘时触发一次,不是一个持续的响应状态。

键盘事件与鼠标事件类似,同样常出现在 JavaScript 开发过程中。键盘事件的触发过程具体是这样的:在用户按下键盘上的一个字符键时,首先会触发 keydown 事件,然后是 keypress 事件,最后是 keyup 事件。其中,keydown 和 keypress 事件是在文本框发生变化之前被触发;而 keyup 在文本框发生变化之后被触发。如果用户按下一个键不放,就会重复触发 keydown 和 keypress 事件。在用户按下一个非字符键时,首先触发 keydown 事件,然后就是 keyup 事件。如果用户按下一个键不放,就会重复触发 keydown。键盘事件详细说明见表 8-3。

表 8-3 键盘事件

事件类型	说明
onkeydown	按下任何键盘键(包括系统按钮,如箭头键和功能键)时发生
onkeyup	用户放开任何先前按下的键盘键时发生
onkeypress	按下并放开任何字母数字键时发生。但是无法识别系统按钮(如箭头键、功能键)

[例 8-3] 键盘事件案例。

实现代码如下:

```
<!DOCTYPE html>
<html>
    <head>
        <meta charset="UTF-8">
        <title>键盘事件</title>
        <style>
            .txt{
                border-style:2px solid;
            }
        </style>
    </head>
    <body>
        <form >
            <p>键盘事件</p>
            <input class="txt" type="text" name="name" id="input1" value="javascript">
            <input class="txt" type="text" name="name" id="input2"
```

```
value="" >
            </form>
        <script type="text/javascript">
            // 键盘事件
            inobj2=document.getElementById('input2');
            // 键盘按下时
            inobj2.onkeydown=function(){
                alert('你按下任意键都会触发我');
            }
            // 键盘弹起时
            inobj2.onkeyup=function(){
                alert('你弹起键盘就会触发我');
                val=this.value.toUpperCase();// 转成大写
                this.value=val;
            }
            // 键盘按下并释放一个键
            inobj2.onkeypress=function(){
                alert('你按下字母数字键才会触发我');
            }
        </script>
    </body>
</html>
```

三、键盘事件属性

键盘定义了很多属性,见表 8-4。利用这些属性可以精确控制键盘操作。键盘事件属性一般只在键盘相关事件发生时才会存在于事件对象中。例如,当按下【Ctrl】或【Shift】键时单击鼠标操作。

表 8-4 键盘事件定义的属性

属　　性	说　　明
keyCode	该属性包含键盘中对应键位的键值
charCode	该属性包含键盘中对应键位的 Unicode 编码,仅 DOM 支持
target	发生事件的节点(包含元素),仅 DOM 支持
srcElement	发生事件的元素,仅 IE 支持
shiftKey	是否按下【Shift】键,如果按下返回 true,否则为 false
ctrlKey	是否按下【Ctrl】键,如果按下返回 true,否则为 false
altKey	是否按下【Alt】键,如果按下返回 true,否则为 false
metaKey	是否按下【Mtea】键,如果按下返回 true,否则为 false,仅 DOM 支持

键盘上的按键分为字符键(【A】~【Z】、【a~z】、主键盘数字键【0】~【9】、小键盘数字键【0】~【9】)、功能键(【F1】~【F12】)、控制键(【Esc】、【Tab】、【Caps Lock】、【Shift】、【Ctrl】、【Alt】、【Enter】等)。在键盘事件处理程序中,使用 Event 对象的 keyCode 属性可以识别用户按下哪个键,该属性值等于用户按下的键对应的 Unicode 值。下面分别通过

表 8-5 介绍键盘的键位和码值对照表。

表 8-5 键位和码值对照表

键 位	码 值	键 位	码 值
【0】~【9】(数字键)	48~57	【A】~【Z】(字母键)	65~90
【Backspace】(退格键)	8	【Tab】(制表键)	9
【Enter】(回车键)	13	【Space】(空格键)	32
【←】(左箭头键)	37	【↑】(上箭头键)	38
【→】(右箭头键)	39	【↓】(下箭头键)	40

[例 8-4] 使用方向键控制页面元素的移动效果。

当按下方向键时，色块分别向下、右、上、左方向移动，如图 8-11 所示。

图 8-11 色块移动效果

代码如下：

```
<!DOCTYPE html>
<html>
    <head>
        <meta charset="utf-8">
        <title>按方向键头移动色块</title>
        <style type="text/css">
            *{
                padding:0;
                margin:0;
            }
            div{
                width:100px;
                height:100px;
                background:red;
                position:absolute;
            }
        </style>
    </head>
    <body>
        <div id="box"></div>
```

```
        <script>
            var box=document.getElementById("box");
            document.onkeydown=function(event){
                var event=event || window.event;
                                    //解决事件对象的兼容性问题
                switch(event.keyCode){  // 获取当前按下键盘键的编码
                    case 37:   // 按下左箭头键,向左移动 5 个像素
                        box.style.left=box.offsetLeft-5+"px";
                        break;
                    case 39 :   // 按下右箭头键,向右移动 5 个像素
                        box.style.left=box.offsetLeft+5+"px";
                        break;
                    case 38 :   // 按下上箭头键,向上移动 5 个像素
                        box.style.top=box.offsetTop-5+"px";
                        break;
                    case 40 :   // 按下下箭头键,向下移动 5 个像素
                        box.style.top=box.offsetTop+5+"px";
                        break;
                }
            };
        </script>
    </body>
</html>
```

四、任务实现

分析:

(1)快递单号输入内容时,上面 div 以大号字体显示快递单号。

(2)表单检测用户输入,给表单添加键盘事件,选择使用 onkeyup 事件。

(3)同时把快递单号里面的值获取过来赋值给上面的 div,以文本显示。

(4)如果快递单号里面内容为空,则隐藏大号字体的 div。

具体操作步骤如下:

(1)启动代码编辑软件,新建页面;

(2)在页面中编写代码,参考代码如下:

```
<!DOCTYPE html>
<html>
    <head>
        <meta charset="utf-8">
        <title>快递单号查询 </title>
        <style>
            table {
                margin:20px;
                border:none;
            }
            p {
                font-size:15px;
            }
            input {
```

```
                height:15px;
            }
            button {
                background-color:gray;
                border:none;
            }
            a {
                text-decoration:none;
                color:white;
                font-size:15px;
            }
            div {
                font-size:25px;
                width:300px;
                height:auto;
                border:1px solid black;
                display:none;
                position:absolute;
                top:0px;
            }
        </style>
    </head>
    <body>
        <table>
            <tr>
                <td>
                    <p>快递单号</p>
                </td>
                <td> <input type="text" placeholder=" 请输入您的快递单号 "></td>
                <td> <button><a href="">查询</a></button></td>
            </tr>
        </table>
        <div></div>
        <script>
            // 当开始在输入框中输入内容的时候，div 就开始显示，里面的内容是 input 里面的内容，但字体变大
            var input=document.querySelector('input');
            var div=document.querySelector('div');
            input.onkeyup=function () {
                if (input.value != '') {
                    div.style.display='block';
                    div.innerHTML=input.value;
                }
                else {
                    div.style.display='none';
                    div.innerHTML='';
                };
            };
        </script>
    </body>
</html>
```

(3) 保存文件，注意文件路径。
(4) 测试代码运行效果，查看显示结果。

任务 4　制作登录框特效

一、任务描述

当用户名或密码框获得焦点时，边框变为红色，当用户名或密码失去焦点时，如果内容为空，则会弹出输入内容为空的对话框。页面效果如图 8-12 和图 8-13 所示。

图 8-12　登录框初始效果

图 8-13　用户名为空失去焦点效果

二、表单事件

表单事件

表单是一个容器对象,用来存放表单对象,并负责将表单对象的值提交给服务器端的某个程序处理。它的应用范围非常广泛,不仅可用于收集信息和反馈意见,还可用于资料检索、网上购物等交互式场景。表单对象是表单中所包含的用于不同目的的控件,如文本框、密码框、按钮、复选框等。表单事件是指对表单操作时发生的事件。例如,表单提交前对表单的验证、表单重置时的确认操作等。JavaScript 中常用的表单事件见表 8-6。

表 8-6 表单事件

事件类型	说　　明
onfocus	元素获得焦点触发
onblur	元素失去焦点触发
onselect	表单元素被选中时触发
onchange	表单元素改变时触发
onreset	表单被重置时触发
onsubmit	表单提交时触发

[例 8-5] 表单事件案例,页面效果如图 8-14 所示。

图 8-14 表单事件案例效果图

实现代码如下:

```
<!DOCTYPE html>
<html>
    <head>
        <meta charset="UTF-8">
        <title>表单事件</title>
        <style>
            .txt{
                border-style:2px solid;
```

```html
        }
    </style>

</head>
<body>
        <form action="http://www.baidu.com" method="get" id='fid'>
            <p>用户名</p>
            <input class="txt" type="text" name="name" id="input1" value="javascript">
            <!-- 下拉菜单 -->
            <h3>请确认你选择的城市:<span id="s2"></span></h3>
            <select id='s1'>
                <option>选择城市</option>
                <option value="北京">北京</option>
                <option value="太原">太原</option>
                <option value="南京">南京</option>
                <option value="南宁">南宁</option>
                <option value="天津">天津</option>
            </select><br><br>

            <input type="submit" value="提 交">  <input type="reset" value="重置">
        </form>
        <script type="text/javascript">
        // 当表单被选中时
        var inobj=document.getElementById("input1");
        inobj.onselect=function(){
            alert("我已被选中");
        }
        // 表单下拉菜单改变时
        s1obj=document.getElementById("s1");
        s2obj=document.getElementById("s2");
        s1obj.onchange=function(){
            var s1val=this.value;
            s2obj.innerHTML=s1val;
        }
        // 当表单提交时
        var fidobj=document.getElementById("fid");
        fidobj.onsubmit=function(){
            r=confirm('您要提交表单吗?');
            if(!r){
                return false;
            }
        }
        // 当表单重置时
        fidobj.onreset=function(){
            r=confirm('您要重置吗?');
            if(!r){
                return false;
            }
        }
```

```
            </script>
        </body>
</html>
```

三、任务实现

视　频
登录框特效

分析：

（1）当用户名或密码框获得焦点时，选择使用 onfocus 事件。

（2）当用户名或密码失去焦点时，选择使用 onblur 事件。

（3）判断文本框内容是否为空，使用 length 属性是否为 0 进行判断。

具体操作步骤如下：

（1）启动代码编辑软件，新建页面；

（2）在页面中编写代码，参考代码如下：

```
<!DOCTYPE html>
<html lang="en">
    <head>
        <meta charset="UTF-8">
        <title></title>
        <style type="text/css">
        body{
            width:915px;
            margin:0px auto;
            background:url(images/back.jpg);
            font-size:16px;
            line-height:40px;
        }
        td{
            height:45px;
            line-height:40px;
        }
        input{
            height:20px;
        }
        .right{
            text-align:right;
        }
        .center{
            text-align:center;
        }
        .border{
            border:1px solid #000;
            color:#CCC;
        }
        </style>

    </head>

    <body>
        <div id="top"><img src="images/image1.jpg"/></div>
```

```html
        <center>
            <table width="30%" border="0" cellspacing="0" cellpadding="0">
              <tr>
                <td class="right">用户名:</td>
                  <td><input type="text" id="username" class="border" placeholder=" 账号 " /></td>
              </tr>
              <tr>
                <td class="right">密      码:</td>
                  <td><input type="text" id="password" class="border" placeholder=" 密码 "/></td>
              </tr>
              <tr>
                    <td colspan="2" class="center"><input type="button" style="height:30px;"value=" 登    录 "/></td>
              </tr>
            </table>
        </center>
        <script type="text/javascript">
            var username=document.getElementById("username");
            var password=document.getElementById("password");
            // 验证用户名
            username.onfocus=function(){
                username.style.outlineColor="red";
             }
             username.onblur=function(){
                val=this.value;
                if(val.length==0){
                    alert(" 用户名不能为空 ");
                 }
             }
             // 验证密码
                password.onfocus=function(){
                password.style.outlineColor="red";
             }
             password.onblur=function(){
                val=this.value;
                if(val.length==0){
                    alert(" 密码不能为空 ");
                 }
             }

        </script>
    </body>
</html>
```

（3）保存文件，注意文件路径。

（4）测试代码运行效果，查看显示结果。

任务 5 制作随鼠标滚动的广告图片

一、任务描述

在页面中有一张广告图片和关闭按钮,当滚动条向下或向右移动时,图片和关闭按钮随滚动条移动,相对于浏览器的位置固定,单击关闭按钮,广告图片消失。页面效果如图 8-15 所示。

图 8-15 随鼠标滚动的广告图片效果图

二、页面事件

页面事件是在页面加载或者改变浏览器大小、位置,以及对页面的滚动条进行操作时触发的事件。与页面相关的事件见表 8-7。

表 8-7 页面事件

事件	说明
onload	当页面加载完成时触发
onunload	当页面卸载时触发
onerror	加载文档或图像发生错误时触发
onresize	改变窗口大小时触发
onbeforeunload	当前页面改变时触发
onscroll	当文档被滚动时触发

1. 页面初始化

onload 事件类型在页面完全加载完毕的时候触发。该事件包含所有的图形图像、外部文件（如 CSS、JS 文件等）的加载，也就是说，在页面所有内容全部加载之前，任何 DOM 操作都不会发生。

例如，下面函数的提示信息将在页面加载完成时发生：

```
window.onload=f;
function f() {
    alert("页面加载完毕");
}
```

如果想要加载多个处理函数，可使用下列格式：

```
window.onload=function () {
    f1();   // 绑定响应函数 1
    f2();   // 绑定响应函数 2
}
function f1() {
    alert("f1()");
}
function f2() {
    alert("f2()");
}
```

2. 页面卸载

onunload 表示卸载的意思，这个事件在当页面卸载时触发，也就是说，通过超链接、前进或后退按钮等方式能够使一个页面跳转到其他页面，或者关闭浏览器窗口时触发。

例如，下面函数的提示信息将在卸载页面时发生，即在离开页面或关闭窗口前执行：

```
window.onunload=f;
function f() {
    alert("即将离开页面");
}
```

3. 错误处理

onerror 事件类型是在 JavaScript 代码发生错误时触发的，利用该事件可以捕获并处理错误信息。onerror 事件类型与 try/catch 语句功能相似，都用来捕获页面错误信息。不过 onerror 事件类型无须传递事件对象，且可以包含已经发生错误的解释信息。

4. 窗口重置

onresize 事件类型是在浏览器窗口被重置时触发的，如当用户调整窗口大小，或者最大化、最小化、恢复窗口大小显示时触发 onresize 事件。利用该事件可以跟踪窗口大小的变化以便动态调整页面元素的显示大小。

5. 页面更新

onbeforeunload 事件在即将离开当前页面(刷新或关闭)时触发。该事件可用于弹出对话框，提示用户是继续浏览页面还是离开当前页面。

6. 页面滚动

onscroll 事件类型用于在浏览器窗口内移动文档的位置时触发，如通过键盘箭头键、翻页键或空格键移动稳定位置,或者通过滚动条滚动稳定位置。利用该事件可以跟踪文档位置变化，及时调整某些元素的显示位置,确保它始终显示在屏幕可见区域内。

三、任务实现

视　频

制作随鼠标滚动的广告图片

分析:

(1)将广告图片放在 div 中,并将 div 显示在页面上方。
(2)根据光标滚动事件,获取滚动条滚动的距离。
(3)设置广告层在页面的位置。

具体操作步骤如下:

(1)启动代码编辑软件,新建页面;
(2)在页面中编写代码,参考代码如下:

```html
<!DOCTYPE html>
<html>
    <head>
        <title>随鼠标滚动的广告图片</title>
        <meta charset="utf-8" />
        <style type="text/css">
            #main{text-align:center;}
            #adver{
                position:absolute;
                left:50px;
                top:30px;
                z-index:2;
            }
        </style>
        <script type="text/javascript">
            var adverTop;
            var adverLeft;
            var adverObject;
            function init(){
                adverObject=document.getElementById("adver");// 获得层对象
                if(adverObject.currentStyle)
                {
                    adverTop=parseInt(adverObject.currentStyle.top);
                    adverLeft=parseInt(adverObject.currentStyle.left);
                }
                else
                {
                    adverTop=parseInt(document.defaultView.getComputedStyle(adverObject,null).top);
                    adverLeft=parseInt(document.defaultView.getComputedStyle(adverObject,null).left);
                }
            }
            function move(){
                adverObject.style.top=adverTop+parseInt(document.
```

```
documentElement.scrollTop)+"px";
                    adverObject.style.left=adverLeft+parseInt(document.documentElement.scrollLeft)+"px";
            }
            //关闭广告
            function closeAdv(){
                document.getElementById("adver").style.display="none";
            }
            window.onload=init;//页面加载初始化
            window.onscroll=move;//滚动条滚动事件
        </script>
    </head>
    <body>
        <div id="adver"><img src="images/adv.jpg"/><p style="color:white" align="right" onclick="closeAdv()">关闭</p></div>
        <div id="main"><img src="images/main.png"/></div>
    </body>
</html>
```

(3)保存文件,注意文件路径。

(4)测试代码运行效果,查看显示结果。

【项目实施】

实现选项卡 tab 切换效果。

参考代码如下:

```
<!DOCTYPE html>
<html>
    <head>
        <meta charset="utf-8">
        <title>tab 切换</title>
        <style type="text/css">
            *{
                margin:0;
                padding:0;
                border:0;
                list-style:none;
            }
            .all{
                width:390px;
                height:auto;
                border:1px solid #000;
                margin:0px auto;
            }
            .box1{
                width:390px;
                height:30px;
                border:1px solid #000;
                background:#000;
```

```css
        }
        .box1 li{
            float:left;
            width:130px;
            height:30px;
            line-height:30px;
            text-align:center;
            cursor:pointer;
        }
        ul{
           color:#fff;
        }
        .box11{
            background:#CCC;
            color:#000;
        }
        .content div{
            display:none;
        }
        .content{
            width:390px;
            height:200px;
        }
        .hide {
            display:none;
        }
    </style>
</head>
<body>
    <body>
        <div class="all">
            <div class="box1">
                <ul>
                   <li class="box11"> 中国文学 </li>
                   <li> 中华诗词 </li>
                   <li> 中华文字 </li>
                </ul>
            </div>
            <div class="content">
                <div style="display:block" class="item">
                    中国文学分为古典文学、现代文学与当代文学。
                </div>
                <div class="item">
                    《唐诗三百首》的编者把诗分为古诗、律诗、绝句三类，又在这三类中都附有乐府一类；古诗、律诗、绝句又各分为五言律诗、七言律诗、五言绝句、六言绝句、七言绝句。
                </div>
                <div class="item">
                    汉字是世界上最古老的文字之一，至少有5000年以上的历史，现存最早的原始文字是上古时代的石刻字符，可识的成熟汉字系统是商代的甲骨文。汉字在形体上逐渐由图形变为笔画，象形变为象征，复杂变为简单；在造字原则上从表形、表意到形声。
```

```
            </div>
         </div>
      <div>

      <script>
         var tab_list=document.querySelector('.box1');
         var lis=document.getElementsByTagName('li');
         var items=document.querySelectorAll('.item');
         for (var i=0; i < lis.length; i++) {
            lis[i].setAttribute('index',i);
            // 设置索引号
            lis[i].onmouseover=function() {
               // 1.设置鼠标移入tab为突出样式，
                  其他还原
               for (var i=0; i < lis.length; i++) {
                  lis[i].className='';
               }
               this.className='box11';
               // 2.设置下面的显示内容模块
               var index=this.getAttribute('index');for (var i=0;
                i < items.length; i++) {items[i].style.display=
                  'none';
               }
               items[index].style.display='block';
            }
         }
      </script>
   </body>
</body>
</html>
```

【项目总结】

本项目主要介绍 JavaScript 的绑定事件的三种方法(行内绑定式、动态绑定式、事件监听式)，以及 JavaScript 常用的事件，包括鼠标事件、键盘事件、表单事件和页面事件等内容，通过项目实施增强实践能力。

【问题探索】

一、理论题

1. 简述 JavaScript 的绑定事件的三种方法及优缺点。
2. 简述 JavaScript 常用的事件。
3. 简述事件对象如何使用。

二、实操题

1. 制作鼠标经过效果，鼠标指针移入时，变为红色，鼠标指针移出时，变为蓝色，页面效果如图 8-16 所示。

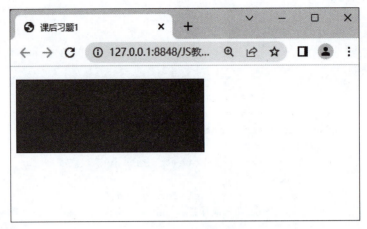

图 8-16　鼠标经过效果

2.制作文本框特效，获得焦点需要把文本框里面的文字颜色变黑，失去焦点需要把文本框里面的文字颜色变浅色，页面效果如图 8-17 所示。

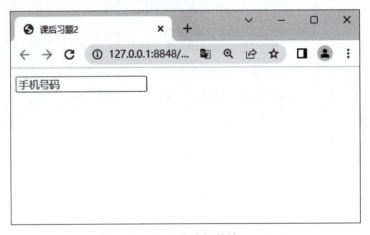

图 8-17　文本框特效

3.实现按键盘【Esc】键弹出"退出系统"对话框，页面效果如图 8-18 所示。

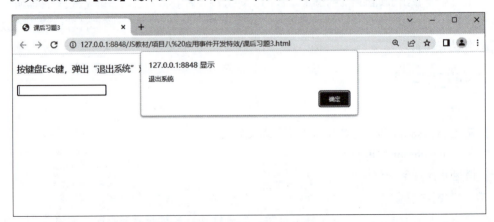

图 8-18　按键盘【Esc】键退出

【拓展训练】

制作发送短信特效，输入手机号，单击"发送"按钮，按钮会倒计时 3 s 再发送。页面效果如图 8-19 和图 8-20 所示。

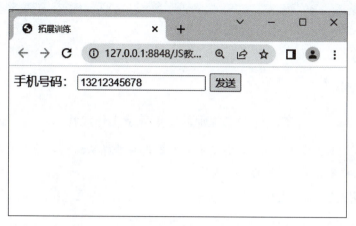

图 8-19　发送短信特效初始页面

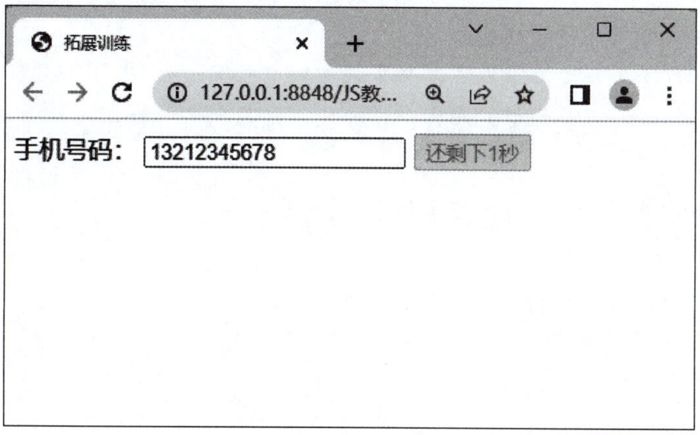

图 8-20　发送短信倒计时页面

项目九 旅游通项目实战

【春风化雨】

前端开发工程师职业素养及工作流程

如何成为一个优秀的 Web 前端开发工程师？首先要了解 Web 前端开发工程师职业素养及能力要求，其次要熟悉项目开发的工作流程。

一、前端开发工程师职业素养及能力要求

1. 职业素养

1）职业精神

（1）有良好的知识产权保护观念和意识；

（2）能自觉遵守企业规章制度与产品开发保密制度；

（3）遵守有关隐私信息的政策和规程，保护客户隐私。

2）合作意识

具有积极协助配合同事完成开发任务的意识。

3）学习意识

了解前端开发技术发展动态，积极参与各种技术交流、技术培训。

2. 能力要求

1）基础能力

（1）具备 HTML5+CSS3 布局网站架构的基础能力；

（2）具备使用 JavaScript 和 JQuery 开发特效的能力。

2）核心能力

（1）CSS 框架的使用；

（2）CSS 预编译语言的使用；

（3）响应式设计开发；

（4）前端开发框架。

二、项目开发的工作流程

（1）需求分析：需求分析是一个项目的开端，也是项目的基石。

（2）UI 设计：UI 设计是对网站界面美观的整体设计。

（3）前端程序：前端包括从网站的设计、结构和布局到内容的所有内容。

（4）后端程序：后端从外部服务器和应用程序收集数据，并将这些信息过滤回网站以处理用户请求。

(5)软件测试:对网站项目进行功能测试。
(6)项目上线:网站项目打包上线。

【学习目标】

(1)了解前端开发工程师的职业素养及能力需求。
(2)掌握项目开发的操作规范。
(3)掌握项目开发的工作流程。
(4)掌握使用 DIV+CSS 规划网站结构的方法。
(5)掌握使用 JavaScript 开发轮播图特效的方法。
(6)掌握使用 JavaScript 开发导航特效的方法。
(7)掌握使用 JavaScript 开发验证表单特效的方法。
(8)掌握根据项目需求使用 JavaScript 开发各种特效。

【项目描述】

本项目主要完成旅游通网站的开发,从使用 HTML 构建网站结构、设置 CSS 样式到最后使用 JavaScript 开发网站导航、轮播图、表单等特效,网站主页如图 9-1 所示。

(a)主页上部

图 9-1

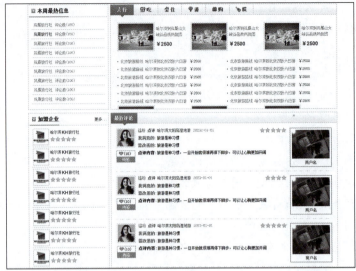

（b）主页中部

（c）主页版权

图 9-1　旅游通网站主页

【项目分析】

完成本项目的技术要点：
（1）网站首页头部。
（2）首页导航栏的设计。
（3）首页轮播图特效的设计。
（4）首页主体内容设计。
（5）网站详情页的实现。
（6）用户注册页面实现。

【项目实施】

任务 1　规划网站的目录结构

网站的站点结构，能够加速对网站的规划、办理，提高工作效率，节省时间。网站的规划是将网站上所有的文件组织成合理的文件目录结构。规划网站的目录结构时，一般遵循如下规则：

（1）按栏目内容建立子文件夹。首先为网站创立一个根目录，然后在其间创立多个子文件夹，再将文档分门别类地存储到相应的文件夹下，可以创立多级子文件夹。
（2）避免用中文命名文件或文件夹。
（3）在每个主目录下都建立独立 Images 目录。
（4）目录的层次不要太深，一般不要超越三层；不要运用中文或者过长的目录名，尽量运用意义明确的目录名，以便于查找、整理和调试代码。

任务 2　构建页面结构及设计样式

1. 首页头部参考代码

```
<div id="Header">
    <ul class="nav">
        <li class="selected"><a href="index.htm"><span> 首页 </span>
        </a></li>
        <li><a href="lvyouzhinan.htm"><span> 旅游指南 </span></a></li>
        <li><a href="xinxichaoshi.htm"><span> 信息超市 </span></a></li>
        <li><a href="yuding.htm"><span> 预订中心 </span></a></li>
        <li><a href="longjiangfengqing.htm"><span> 龙江风情 </span>
        </a></li>
        <li><a href="duielvyou.htm"><span> 对俄旅游 </span></a></li>
        <li><a href="pinketianxia.htm"><span> 拼客天下 </span></a></li>
    </ul>
    <div class="share">
        <span class="xl"><a href="#n"> 微博 </a></span>
        <span class="hlwds"><a href="#n"> 互联网电视 </a></span>
        <span class="sjb"><a href="#n"> 手机报 </a></span>
        <span class="sjkhd"><a href="#n"> 手机客户端 </a></span>
        <span class="rx"><a href="#n">114 旅游热线 </a></span>
        <span class="rx12580"><a href="#n">12580</a></span>
    </div>
    <div class="search">
        <form>
            <label for="xl"> 线路 </label>
            <input type="text" class="txtIpt" id="xl" />
            <input type="submit" value="搜 索" class="sbmtBtn" />
        </form>
    </div>
</div>
```

效果如图 9-2 所示。

图 9-2　首页头部

2. 左侧旅游线路快速搜索参考代码

```html
<div class="area clearfix btmMargin">
    <div class="searchTools rtMargin">
        <div class="searchT btmMargin">
            <h3>
                <span>旅游线路快速搜索</span>
            </h3>
            <ul class="tools">
                <li class="tool iefix">
                    <span class="toolName md">
                    旅游目的地<span>Destination</span>
                    </span>
                    <div class="detailSrc zbyList clearfix">
                        <div class="zbyC">
                            <dl class="clearfix">
                                <dt><a href="#n">
                                周边游 </a></dt>
                                <dd>
                                    <a href="#n">
                                    镜泊湖 </a>
                                </dd>
                                ……
                            </dl>
                            <dl class="clearfix">
                                <dt><a href="#n">
                                国内游 </a></dt>
                                <dd>
                                   <a href="#n">
                                    镜泊湖 </a>
                                </dd>
                                ……
                            </dl>
                            <dl class="clearfix noBorder">
                                <dt><a href="#n">
                                国外游 </a></dt>
                                <dd>
                                   <a href="#n">
                                    爱琴海 </a>
                                </dd>
                                ……
                            </dl>
                        </div>
                        <div class="rmjd">
                            <h4>
                                热门景点排行榜 </h4>
                            <ul>
                                <li><a href="#n">
                                鼓浪屿 </a></li>
                                ……
                            </ul>
                        </div>
```

```html
            </div>
        </li>
        <li class="tool">
            <span class="toolName tx">行程天数<span>
            The travel date</span></span>
            <div class="detailSrc xctx">
                <ul>
                    <li><a href="#n">1日游</a></li>
                    ……
                </ul>
            </div>
        </li>
        <li class="tool">
            <span class="toolName yx">
            价格预算<span>computation</span></span>
            <div class="detailSrc jgyx">
                <ul>
                    <li><a href="#n">100元以下
                    </a></li>
                    ……
                </ul>
            </div>
        </li>
        <li class="tool">
            <span class="toolName fs">出游方式<span>
            Way to travel</span></span>
            <div class="detailSrc cyfs">
                <ul>
                    <li><a href="#n">跟团游</a></li>
                    ……
                </ul>
            </div>
        </li>
        <li class="tool">
            <span class="toolName zt">
            主题旅游<span>Tourist theme</span></span>
            <div class="detailSrc ztly">
                <ul>
                    <li><a href="#n">
                    浪漫海岛</a></li>
                    ……
                </ul>
            </div>
        </li>
    </ul>
    </div>
    <a href="#n" class="ykdl">游客登录</a><a href="#n" class="sjdl">
    商家登录</a>
    </div>
</div>
```

效果如图9-3所示。

图 9-3　左侧导航

3. 右侧轮播图参考代码

```html
<div class="picShow">
   <div id="banner">
      <div id="ifocus">
         <div style="overflow:hidden" id="ifocus_pic">
            <div style="overflow:hidden; top:0px; left:0px"
              id="ifocus_piclist">
               <ul>
                    <!-- 大图_start -->
                   <li>
                      <a href="#n" target="_blank">
                          <img border="0" alt="
                      demo" src="images/demo7.jpg">
                          </a>
                   </li>
                   <li>
                      <a href="#n" target="_blank">
                          <img border="0" alt="
                      demo" src="images/demo8.jpg">
                          </a>
                   </li>
                   <li>
                      <a href="#n" target="_blank">
                          <img border="0" alt="
                      demo" src="images/demo9.jpg">
                          </a>
                   </li>
                   <li>
                      <a href="#n" target="_blank">
                          <img border="0" alt="
                      demo" src="images/demo7.jpg">
```

```html
            </a>
        </li>
        <li>
            <a href="#n" target="_blank">
                <img border="0" alt="
                demo" src="images/demo8.jpg">
            </a>
            <!-- 大图_end -->
        </li>
    </ul>
</div>
<div id="ifocus_opdiv">
</div>
<div id="ifocus_tx">
    <ul>
        <!-- 小图列表_start -->
        <li class="current">a</li>
        <li class="normal">b</li>
        <li class="normal">c</li>
        <li class="normal">d</li>
        <li class="normal">e </li>
    </ul>
</div>
<div id="ifocus_btn">
    <ul>
        <!-- 小图_start -->
        <li class="current">1 </li>
        <li class="normal">2 </li>
        <li class="normal">3 </li>
        <li class="normal">4 </li>
        <li class="normal">5
            <!-- 小图_end -->
        </li>
    </ul>
</div>
                </div>
            </div>
        </div>
</div>
```

效果如图 9-4 所示。

图 9-4 轮播图

4. 主页部分主体参考代码

```html
<div class="area clearfix btmMargin ljmj">
    <h3>
        <span> 龙江美景 </span>
    </h3>
    <div class="picsC">
        <span class="leftBtn noLeft">向左 </span>
        <div class="picScroll">
            <ul class="scrollObj">
                <li>
                    <div class="info">
                        <img src="pics/bx/a1.jpg" />
                        <span> 冰雪大世界 </span>
                        <div class="infoLinks">
                            <strong id="a1">
                                <a href="#n" class="photos" onclick="picsBox(pics)"> 图片 </a>
                            </strong>
                            <a href="#n"
                                onclick='dialogBox("http://vkpws.video.qq.com/flv/47/189/7EJ4HYU2V3r.flv",450,330,"v");'
                                class="video"> 视频 </a>
                            <a href="jddetail.htm#dibiao"
                             class="area"> 地标 </a>
                            <a href="jddetail.htm#xianlu"
                            class="lx"> 路线 </a>
                        </div>
                    </div>
                </li>
                ……
            </ul>
        </div>
        <span class="rightBtn">向右 </span>
    </div>
</div>
<div class="area clearfix btmMargin">
    <div class="hotly rtMargin">
        <h3>
            <span>本周最热信息 </span>
        </h3>
        <ul>
            <li>
                <a href="fldetail.htm">FH 旅行社 <span> 评论数 (100)
                </span></a>
            </li>
            ……
        </ul>
    </div>
    <div class="lvfx">
        <ul class="fxC">
            <li class="selected"><a href="#n" class="xing">
```

```html
            行 </a><em></em></li>
            <li><a href="#n" class="chi"> 吃 </a><em></em></li>
            <li><a href="#n" class="zhu"> 住 </a><em></em></li>
            <li><a href="#n" class="you"> 游 </a><em></em></li>
            <li><a href="#n" class="gou"> 购 </a><em></em></li>
            <li><a href="#n" class="yu"> 娱 </a><em></em></li>
        </ul>
        <div class="fxContent">
            <ul class="topYou clearfix">
                <li><a href="fldetail.htm">
                    <img src="images/demo3.gif" />
                    <p>
                        哈尔滨到凤凰山大峡谷品质团 </p>
                    <span class="price"> ￥2 500</span>
                    </a></li>
                ……
            </ul>
            <ul class="youList">
                <li>
                    <a href="fldetail.htm">北京旅游路线    哈尔滨到
                    北京双卧六日游 </a><span class="price"> ￥2 500</span>
                </li>
                ……
            </ul>
        </div>
        ……
</div>
<script type="text/javascript">
    setTab(".fxC",".fxContent","selected",2);
</script>
<div class="area clearfix btmMargin">
    <div class="jmqy rtMargin">
        <h3>
            <span> 加盟企业 </span>
        </h3>
        <ul>
            <li class="clearfix">
                <img src="images/demo2.gif" alt="FH 旅行社 "/>
                <a href="lxsdetail.htm">哈尔滨 KH 旅行社 </a>
                <span class="star"></span>
            </li>
            ……
        </ul>
        <a href="lxslist.htm" class="more">更多 ...</a>
    </div>
    <div class="gl">
        <ul class="glTabs">
            <li class="selected">最近评论 <em></em></li>
        </ul>
        <div class="glContent">
            <ul class="plList">
```

```html
                    <li class="clearfix">
                        <a class="shp" href="#n">
                           <img src="images/demo10.jpg"
                           alt=" 商户名 " />
                           商户名
                        </a>
                        <img src="images/demo4.jpg" class="
                        userPhoto" alt=" 锰粉 " />
                        <div class="tit">
                           <span class="star"></span>
                           <span class="plName">锰粉
                           </span>点评
                           <a href="#n">哈尔滨太阳岛湿地游
                           </a>
                           <span class="fbTime">
                           2022-01-01</span>
                        </div>
                        <p class="my">
                           <span>我满意的:</span>
                           旅游是种习惯
                        </p>
                        <p class="gs">
                           <span>需改善的:</span>
旅游是种习惯
                        </p>
                        <p class="dp">
                           <span>点评内容:</span>
旅游是种习惯，一旦开始就很难再停下脚步，可以让心胸更加开阔
                        </p>
                        <div class="tg">
                           <span class="tgs">(10)
                           </span>
                           <span class="t"> 同感 </span>
                        </div>
                    </li>
                    ……
                </ul>
            </div>
        </div>

    </div>
    <div class="hotjd clearfix">
        <ul>
           <li><a href="#n"> 太阳岛 </a></li>
           <li><a href="#n"> 亚布力滑雪 </a></li>
           <li><a href="#n"> 温泉 </a></li>
           <li><a href="#n"> 森林游太阳岛 </a></li>
           ……
        </ul>
    </div>
```

5. 主页底部版权部分参考代码

```
<div id="Footer">
    <p>
网络文化经营许可证：文网文****号 | 增值电信业务经营许可证：黑****** | 信息网络传播视听节目许可证：*******号
    </p>
    <p class="about">
        <a href="#n">关于旅游通</a><a href="#n">免责声明</a><a href="#n">联系旅游通</a><a href="#n">留言建议</a><a href="#n">加入收藏夹</a>
    </p>
</div>
```

效果如图 9-5 所示。

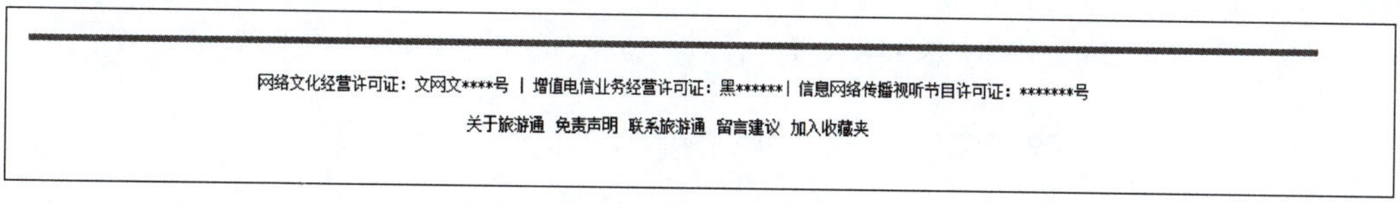

图 9-5　底部版权

6. 详情页代码

```
<body id="LvXingShe">
    <div id="Main">
        <div id="Header">
            <ul class="nav">
                <li><a href="index.htm"><span>首页</span></a></li>
                <li><a href="lvyouzhinan.htm"><span>旅游指南</span></a></li>
                <li><a href="xinxichaoshi.htm"><span>信息超市</span></a></li>
                <li><a href="yuding.htm"><span>预订中心</span></a></li>
                <li><a href="longjiangfengqing.htm"><span>龙江风情</span></a></li>
                <li><a href="duielvyou.htm"><span>对俄旅游</span></a></li>
                <li><a href="pinketianxia.htm"><span>拼客天下</span></a></li>
            </ul>
            <div class="share">
                <span class="xl"><a href="#n">微博</a></span><span class="hlwds"><a href="#n">互联网电视</a></span><span class="sjb"><a href="#n">手机报</a></span><span class="sjkhd"><a href="#n">手机客户端</a></span><span class="rx"><a href="#n">114旅游热线</a></span><span class="rx12580"><a href="#n">12580</a></span></div>
            <div class="search">
                <form>
                    <label for="xl">
线路</label><input type="text" class="txtIpt" id="xl" /><input type="submit" value="搜索" class="sbmtBtn" /></form>
```

```html
                </div>
            </div>
            <div class="subNav btmMargin">
                <a href="#n">首页</a> &gt; <a href="#n">商家信息</a> &gt; 远大周年店庆打折促销
            </div>
            <div class="fldetail">
                <h6>
                    远大周年店庆打折促销</h6>
                <div class="hlinfo">
                    <p>
                        时间：2023年7月30日到 2023年12月23日
                    </p>
                    <p>
                        地点：果戈里大街
                    </p>
                    <img src="images/demo16.jpg" />
                    <p>
                        活动一：本月16日、17日、18日两店每天午餐、晚餐均进行神秘礼物大抽奖；
                    </p>
                    <p>
                        活动二：本月18日晚，波特曼道里店俄罗斯狂欢节与您相约；
                    </p>
                    <p>
                        道里店地址：道里区西七道街53号
                    </p>
                    <p>
                        电话：0451-84686888
                    </p>
                </div>
            </div>
            <div class="sjinfo clearfix">
                <h4>
                    关于商家</h4>
                <div class="infos">
                    <span class="sjname">远大商场</span>
                    <span class="dh"><em>电话：</em>0451-********</span>
                    <span class="dz"><em>地址：</em>哈尔滨南岗区果戈里大街</span>
                    <p>
                        环境高雅整洁，灯光明亮，情调颇具20世纪初老哈尔滨风情，出品地道，罐虾非常有特点，黑椒牛排很好，有自酿的红酒，是一个相约的好地方。
                    </p>
                </div>
                <img src="images/demo10.jpg" class="sjpto" />
            </div>
            <div class="flgl">
                <div class="gl">
                    <ul class="glTabs">
                        <li class="selected">最近评论<em></em></li>
                    </ul>
```

```html
                    <div class="glContent">
                        <ul class="plList">
                            <li class="clearfix">
                                <img src="images/demo4.jpg" class="userPhoto" alt="锰粉">
                                <div class="tit">
                                    <span class="plName"> 锰 粉 </span>点 评 <span class="star"></span><span class="fbTime">2013-01-01</span>
                                </div>
                                <p class="my">
                                    <span>我满意的：</span>旅游是一种习惯，喜欢太阳岛湿地的环境。
                                </p>
                                <p class="gs">
                                    <span>需改善的：</span>适当增加一些公共设施。
                                </p>
                                <p class="dp">
                                    <span>点评内容：</span>旅游是种习惯，一旦开始就很难再停下脚步，可以让心胸更加开阔
                                </p>
                                <div class="tg">
                                    <span class="tgs">(10)</span> <span class="t">同感</span>
                                </div>
                            </li>
                            .....
                        </ul>
                    </div>
                </div>
            </div>
            <div class="yhpl">
                <ul class="glTabs">
                    <li class="selected">用户评论<em></em></li>
                </ul>
                <div class="pj">
                    <table>
                        <tr>
                            <th>
                                评价等级：
                            </th>
                            <td>
                                <span class="star"></span>
                            </td>
                        </tr>
                        <tr>
                            <th>
                                我满意的：
                            </th>
                            <td>
                                <input type="text" class="txtIpt" />
                            </td>
```

```html
                </tr>
                <tr>
                    <th>
                        需改善的:
                    </th>
                    <td>
                        <input type="text" class="txtIpt" />
                    </td>
                </tr>
                <tr>
                    <th>
                        评价内容:
                    </th>
                    <td>
                        <textarea></textarea>
                    </td>
                </tr>
                <tr>
                    <th>
                    </th>
                    <td>
                        <input type="submit" class="tjBtn" value=" 提交 " />
                    </td>
                </tr>
            </table>
        </div>
    </div>
    <div id="Footer">
        <p>
            网络文化经营许可证:文网文****号 | 增值电信业务经营许可证:黑****** | 信息网络传播视听节目许可证:*******号
        </p>
        <p class="about">
            <a href="#n">关于旅游通</a><a href="#n">免责声明</a><a href="#n">联系旅游通</a><a href="#n">留言建议</a>
            <a href="#n">加入收藏夹</a></p>
    </div>
</div>
</body>
```

7. 注册会员页面代码

```html
<!DOCTYPE html PUBLIC "-//W3C//DTD XHTML 1.0 Transitional//EN" "http://www.w3.org/TR/xhtml1/DTD/xhtml1-transitional.dtd">
<html xmlns="http://www.w3.org/1999/xhtml">
<head>
    <title>旅游通_商家注册</title>
    <script src="scripts/jquery.min.js" type="text/javascript"></script>
    <script src="scripts/dyt.js" type="text/javascript"></script>
    <link href="css/css.css" rel="stylesheet" type="text/css" />
</head>
<body id="SJZC">
```

```html
<div id="Main">
    <div id="Header">
        <ul class="nav">
            <li><a href="index.htm"><span>首页</span></a></li>
            <li><a href="lvyouzhinan.htm"><span>旅游指南</span></a></li>
            <li><a href="xinxichaoshi.htm"><span>信息超市</span></a></li>
            <li><a href="yuding.htm"><span>预订中心</span></a></li>
            <li><a href="longjiangfengqing.htm"><span>龙江风情</span></a></li>
            <li><a href="duielvyou.htm"><span>对俄旅游</span></a></li>
            <li><a href="pinketianxia.htm"><span>拼客天下</span></a></li>
        </ul>
        <div class="share">
            <span class="xl"><a href="#n">微博</a></span><span class="hlwds"><a href="#n">互联网电视</a></span><span class="sjb"><a href="#n">手机报</a></span><span class="sjkhd"><a href="#n">手机客户端</a></span><span class="rx"><a href="#n">114旅游热线</a></span><span class="rx12580"><a href="#n">12580</a></span></div>
        <div class="search">
            <form>
                <label for="xl">
                    线路</label><input type="text" class="txtIpt" id="xl" /><input type="submit" value="搜索"
                    class="sbmtBtn" /></form>
        </div>
    </div>
    <div class="sjreg">
        <div class="dq"><strong>选择所在地区：</strong><select><option>选择省份</option></select><select><option>选择城市或地区</option></select></div>
        <div class="zcxx">
            <strong>注册信息</strong>
            <table>
                <tr>
                    <th>会员登录名：<span>*</span></th><td><input type="text" class="txtIpt" /><em>5-15个英文或数字字符，支持中文。</em></td>
                </tr>
                <tr>
                    <th>密码：<span>*</span></th><td><input type="password" class="txtIpt" /><em>6-16位，区分大小写</em></td>
                </tr>
                <tr>
                    <th></th><td>密码强度：<span class="mmqd tr"></span></td><!-- 太弱:tr 一般:yb 很强:hq -->
                </tr>
                <tr>
                    <th>再输一次密码：<span>*</span></th><td><input
```

```html
                            type="password" class="txtIpt" /></td>
                        </tr>
                        <tr>
                            <th>电 子 邮 箱:<span>*</span></th><td><input type="text" value="@" class="txtIpt" /><em>忘了密码可以通过电子邮箱找回</em></td>
                        </tr>
                    </table>
                </div>
                <div class="wdxx">
                    <strong>网店联系信息</strong>
                    <table>
                        <tr>
                            <th>联 系 人 姓 名:<span>*</span></th><td><input type="text" class="txtIpt" /></td>
                        </tr>
                        <tr>
                            <th>电 话:<span>*</span></th><td><input type="text" class="txtIpt" /></td>
                        </tr>
                        <tr>
                            <th>手机号:<span>*</span></th><td><input type="text" class="txtIpt" /><em>用于接收订单、系统信息等短信通知</em></td>
                        </tr>
                        <tr>
                            <th>QQ:<span>*</span></th><td><input type="text" class="txtIpt" /></td>
                        </tr>
                    </table>
                </div>
                <div class="lxsxx">
                    <strong>商户信息</strong>
                    <table>
                        <tr>
                            <th>旅 行 社 名 称:<span>*</span></th><td><input type="text" class="txtIpt" /><em>请认真填写在工商局注册的公司全称！注册成功后将无法修改</em></td>
                        </tr>
                        <tr>
                            <th>公 司 地 址:<span>*</span></th><td><input type="text" class="txtIpt" /></td>
                        </tr>
                        <tr>
                            <th>公 司 电 话:<span>*</span></th><td><input type="text" class="txtIpt" /></td>
                        </tr>
                        <tr>
                            <th>公 司 传 真:<span>*</span></th><td><input type="text" class="txtIpt" /></td>
                        </tr>
                        <tr>
```

```html
                    <th>经 营 许 可 证 号:<span>*</span></th><td><input type="text" class="txtIpt" /><em>必须如实填写,假冒或无号将无法通过认证</em></td>
                </tr>
                <tr>
                    <th>法 人 代 表:<span>*</span></th><td><input type="text" class="txtIpt" /></td>
                </tr>
                <tr>
                    <th>上 传 营 业 执 照:<span>*</span></th><td><input type="file" /></td>
                </tr>
            </table>
        </div>
        <div class="mzsm">
            <p>
                欢迎使用旅游通为您提供的各项服务。以下所述条款和条件即构成您与本公司就使用服务所达成的协议,一旦您注册成为旅游通的会员,即表示您已接受了以下所述的条款和条件。服务条款的修改权归旅游通网站所有。
            </p>
            <strong>一、会员权利与义务</strong>
            <p>
                旅游通承诺不公开或透露会员的密码、姓名、手机号码等在本站的非公开信息。除非因会员本人的需要、法律或其他合法程序的要求、服务条款的改变或修订等。
                同时会员须做到:
            </p>
            <p>用户名和昵称的注册与使用应符合网络道德,遵守中华人民共和国的相关法律法规。</p>
            <p>用户名和昵称中不能含有威胁、淫秽、漫骂、非法、侵害他人权益等有争议性的文字。</p>
            <p>注册成功后,会员需保护好自己的账号和密码,因会员本人泄露造成的任何损失由会员本人负责。</p>
            <p>不得盗用他人账号,由此行为造成的后果自负。</p>
            <strong>二、责任说明</strong>
            <p>
                基于技术和不可预见的原因而导致的服务中断,或者因会员的非法操作而造成的损失,旅游通不负责任。会员应当自行承担一切因自身行为而直接或者间接导致的民事或刑事法律责任。
            </p>
            <strong>三、会员必须做到:</strong>
            <p>1.发帖、言论应尊重网上道德,遵守《全国人常务委员会关于维护互联网安全的决定》和《互联网电子公告服务管理规定》及中华人民共和国其他各项法律法规。不得利用本站危害国家安全、泄露国家秘密,不得侵犯国家社会集体的和公民的合法权益,不得利用本站制作、复制和传播下列信息:</p>
            <p>(1)煽动抗拒、破坏宪法和法律、行政法规实施的;</p>
            <p>(2)煽动颠覆国家政权,推翻社会主义制度的;</p>
            <p>(3)煽动分裂国家、破坏国家统一的;</p>
            <p>(4)煽动民族仇恨、民族歧视,破坏民族团结的;</p>
            <p>(5)捏造或者歪曲事实,散布谣言,扰乱社会秩序的;</p>
            <p>(6)宣扬封建迷信、淫秽、色情、赌博、暴力、凶杀、恐怖、教唆犯罪的;</p>
            <p>(7)公然侮辱他人或者捏造事实诽谤他人的,或者进行其他恶意攻击的;</p>
```

```html
            <p>(8) 损害国家机关信誉的；</p>
            <p>(9) 其他违反宪法和法律行政法规的；</p>
            <p>(10) 进行商业广告行为的。</p>
            <p>2.发帖语言文明，注意措辞，用户需承担一切因您的行为或言论而直接或间接导致的法律责任。</p>
            <p>3.未经本站的授权或许可，任何会员不得借用本站的名义从事任何商业活动，也不得将本站作为从事商业活动的场所、平台或其他任何形式的媒介。禁止将本站用作从事各种非法活动的场所、平台或者其他任何形式的媒介。违反者若触犯法律，一切后果自负，本站不承担任何责任。</p>
            <p>4.旅游通网站对旅游通会员在本网站上积分兑换礼品的行为拥有解释权。</p>
            <strong>四、版权说明：</strong>
            <p>任何会员在本站所发表的合法言论、文章及图片版权归原作者和本站共同所有。本网站有权将会员在站内发表的合法言论、文章及图片用于其他用途，包括但不限于网站、电子杂志、期刊等。同时，旅游通保留删除站内各类不符合规定点评而不通知会员的权利：</p>
            <p>商家点评。</p>
            <p>恶意点评。</p>
            <p>无亲身经验的点评。</p>
            <p>违法违规的点评。</p>
            <p>重复点评。</p>
            <p>抄袭点评。</p>
            <p>其他（如含有人身、性别、种族、地区等歧视性语言或不良语言等）。</p>
            <strong>五、免责声明：</strong>
            <p>1.对于任何经由旅游通记载或推荐、点评商家之"资讯"(服务信息、内容或广告资料)，本网站不声明或保证其内容之正确性或可靠性；同时，对于您透过本网站获知上述"资讯"而获得的服务或购买、取得之任何产品，本网站亦不负品质保证之责任。</p>
            <p>2.旅游通鼓励您在获取本网站记载、推荐或点评商家之服务或购买任何产品前应自行判断"资讯"及其品质的可靠性或正确性，在不违反网站规定的前提下积极参与网站。</p>
            <p>3.鉴于旅游通系城市消费搜索及点评之论坛平台，相关内容主要来源旅游通会员所发表之点评、评论或上传的图片，旅游通并不负检视上述点评、评论或图片的真实性或正确性。上述点评、评论或图片仅代表会员个人观点及行为，并不表示旅游通赞同其立场、观点或证实其描述。因此，旅游通对于上述内容所涉及的真实性、正确性，或者是其合法性、正当性如何，并不负任何责任。</p>
            <p>4.旅游通中的文章（包括转帖文章）之版权仅归原作者所有，若作者有版权声明或文章从其他网站转载而附带有原所有网站的版权声明者，其版权归属以附带声明为准。</p>
            <p>5.旅游通尊重他人的任何合法权利，同时也希望并要求旅游通会员及旅游通客户尊重他人之合法权利。旅游通有权删除侵害或违反他人权利之评论、点评或不符合国家法律、法规政策的言论、文字或图片的权利。   </p>
            <p>6.任何单位或个人认为通过旅游通可以访问到内容可能涉嫌侵犯其合法权益的，应该及时向旅游通客服中心提出书面反馈，并提供身份证明、权属证明及详细侵权情况证明，旅游通在收到上述法律文件后，将会依法尽快移除被控侵权内容。</p>
        </div>
        <input type="checkbox" /> 我已经阅读并同意
        <input type="submit" value="提交信息" class="sbmBtn" />
    </div>
    <div id="Footer">
        <p>
            网络文化经营许可证：文网文＊＊＊＊号 | 增值电信业务经营许可证：黑＊＊＊＊＊＊ | 信息网络传播视听节目许可证:＊＊＊＊＊＊＊号
```

```html
            </p>
            <p class="about">
                <a href="#n">关于旅游通</a><a href="#n">免责声明</a><a href="#n">联系旅游通</a><a href="#n">留言建议</a><a href="#n">加入收藏夹</a></p>
        </div>
    </div>
</body>
</html>
```

8. 部分CSS参考代码（页面需要的主要样式）

```css
body,div,dl,dt,dd,ul,li,h1,h2,h3,h4,h5,h6,pre,form,fieldset,legend,input,button,textarea,p,th,td{margin:0;padding:0;font-size:12px;}
img{border:none;display:block;}
h1,h2,h3,h4,h5,h6{font-size:14px;}
input,button,textarea,select,optgroup,option{font-family:inherit;font-size:inherit; font-style:inherit; font-weight:inherit;}
input,button,textarea,select{ *font-size:100%;}
ul{list-style:none;}
:link, :visited{text-decoration:none;}
.clearfix:after{ content:"."; display:block;height:0;clear:both;visibility:hidden;}
.clearfix{zoom:1;}
body{background:url(../images/bg.jpg) repeat-x;font-family:"宋体";}
a{color:#656565;text-decoration:none;}
a:visited{color:#aeaeae;}
a:hover{color:#3c3c3c;}
a:active{color:#3c3c3c;}
.noBorder{border:none!important;}
.btmMargin{margin-bottom:10px!important;}
.rtMargin{margin-right:6px!important;}
.area{margin-bottom:10px;}
h3{margin-bottom:-1px;position:relative;height:38px;overflow:hidden;}
h3 span{padding-left:27px;background:url(../images/icon1.png) no-repeat 8 px 12px;border-bottom:2px solid #f59800;line-height:36px;display:inline-block;font-weight:bold;font-size:16px;}
#Main{width:990px;margin:auto;overflow:hidden;}
#Header{margin-bottom:10px;height:134px;background:url(../images/bg4.jpg) no-repeat;position:relative;overflow:hidden;}
#Header .share{background:url(../images/bg1.gif) no-repeat;padding-left:14px;width:460px;height:29px;position:absolute;top:0px;right:0px;}
#Header .share span{float:left;padding:0 10px 0 22px;line-height:27 px;background:url(../images/icons.gif) no-repeat 0 4px;}
#Header .share span.hlwds{background-position:0 -17px;}
#Header .share span.sjb{background-position:0 -39px;}
#Header .share span.sjkhd{background-position:0 -62px;}
#Header .share span.rx{background-position:0 -86px;}
#Header .share span.rx12580{background:url(../images/bg3.gif) no-repeat;width:51px;padding:0;text-indent:-10000px;overflow:hidden;}
#Header .nav{padding-left:45px;height:38px;width:990px;position:absolute;left:0;bottom:0;}
```

```css
#Header .nav li{margin-right:15px;float:left;}
#Header .nav a{padding-left:30px;display:inline-block;zoom:1;*display:inline;height:38px;line-height:38px;font-size:14px;font-weight:bold;color:white;}
#Header .nav span{padding-right:30px;display:inline-block;zoom:1;*display:inline;height:38px;cursor:pointer;}
#Header .nav a:hover{background:url(../images/bg5.jpg) no-repeat;color:Black;}
#Header .nav a:hover span{background:url(../images/bg5.gif) no-repeat right -38px;}
#Header .selected a{background:url(../images/bg5.jpg) no-repeat;color:Black;}
#Header .selected span{background:url(../images/bg5.gif) no-repeat right -38px;}
#Header .search{width:283px;height:26px;background:#f3f3f3;position:absolute;padding:4px;top:45px;right:0px;}
#Header .search form{padding-left:10px;border:1px solid #e1e1e1;height:24 px;background:#fff;overflow:hidden;}
#Header .search label{*position:relative;top:-3px;}
#Header .search .txtIpt{border:0px;padding:0;padding-left:30px;width:167 px;*width:163px;height:24px;*height:22px;background:url(../images/bg2.gif) no-repeat 0 2px;*background-position:0;line-height:24px;*line-height:22 px;*position:relative;*bottom:1px;}
#Header .search .sbmtBtn{border:0;background:#ffa534;color:White;height:24 px;padding:0 10px;*padding:0 5px;}
#Index .searchTools{float:left;margin-bottom:10px;width:252px;height:339 px;padding:0 3px;position:relative;z-index:10000;}
#Index .searchTools .searchT{margin-bottom:8px!important;height:295 px;border:1px solid #e8e8e8;background:#fffaf4;}
#Index .searchTools ul.tools{border-top:1px solid #ffebd1;padding:0 10 px;}
#Index .searchTools .tool{position:relative;height:48px;line-height:48 px;border-bottom:1px solid #ffebd1;background:url(../images/icons2.gif) no-repeat 190px -278px;}
#Index .searchTools .tool .detailSrc{display:none;z-index:10000;min-height:48px;*min-height:48px;_height:48px;position:absolute;left:229px;top:-1px;border:1px solid #ffebd1;line-height:normal;background:#fff;}
#Index .searchTools .hover .toolName{border-left:1px solid #ffebd1;position:relative;z-index:10005;border-right:1px solid #fff;height:48 px;overflow:hidden;}
#Index .searchTools .hover .detailSrc{display:block;}
#Index .searchTools .hover{background-color:#fff;background-position:192 px -278px;*margin-bottom:-2px;}
#Index .searchTools .hover .detailSrc{display:block;}
#Index .searchTools .iefix:hover{*margin-bottom:0px;}
```

9. 部分特效代码

1）加载事件函数

```
function addLoadEvent(func) {
    var oldonload=window.onload;
    if(typeof window.onload != 'function') {
```

```
            window.onload=func;
        } else {
            window.onload=function () {
                oldonload();
                func();
            }
        }
    }
```

2）移动函数

```
function moveElement(elementID,final_x,final_y,interval) {
    if(!document.getElementById) return false;
    if(!document.getElementById(elementID)) return false;
    var elem=document.getElementById(elementID);
    if(elem.movement) {
        clearTimeout(elem.movement);
    }
    if(!elem.style.left) {
        elem.style.left="0px";
    }
    if(!elem.style.top) {
        elem.style.top="0px";
    }
    var xpos=parseInt(elem.style.left);
    var ypos=parseInt(elem.style.top);
    if(xpos == final_x && ypos == final_y) {
        return true;
    }
    if(xpos < final_x) {
        var dist=Math.ceil((final_x - xpos) / 10);
        xpos=xpos + dist;
    }
    if(xpos > final_x) {
        var dist=Math.ceil((xpos - final_x) / 10);
        xpos=xpos - dist;
    }
    if(ypos < final_y) {
        var dist=Math.ceil((final_y - ypos) / 10);
        ypos=ypos + dist;
    }
    if(ypos > final_y) {
        var dist=Math.ceil((ypos - final_y) / 10);
        ypos=ypos - dist;
    }
    elem.style.left=xpos + "px";
    elem.style.top=ypos + "px";
    var repeat="moveElement('" + elementID + "'," + final_x + "," + final_y + "," + interval + ")";
    elem.movement=setTimeout(repeat,interval);
}
```

10. 旅游指南页面结构代码

```html
<!DOCTYPE html PUBLIC "-//W3C//DTD XHTML 1.0 Transitional//EN" "http://www.w3.org/TR/xhtml1/DTD/xhtml1-transitional.dtd">
<html xmlns="http://www.w3.org/1999/xhtml">
<head>
    <title>旅游通_旅游指南_黑龙江旅游景点_太阳岛</title>
    <script src="scripts/jquery.min.js" type="text/javascript"></script>
    <script src="scripts/dyt.js" type="text/javascript"></script>
    <script src="scripts/jwplayer.js" type="text/javascript"></script>
    <link href="css/css.css" rel="stylesheet" type="text/css" />
</head>
<body id="ZhiNan">
    <div id="Main">
        <div id="Header">
            <ul class="nav">
                <li><a href="index.htm"><span>首页</span></a></li>
                <li class="selected"><a href="lvyouzhinan.htm"><span>旅游指南</span></a></li>
                <li><a href="xinxichaoshi.htm"><span>信息超市</span></a></li>
                <li><a href="yuding.htm"><span>预订中心</span></a></li>
                <li><a href="longjiangfengqing.htm"><span>龙江风情</span></a></li>
                <li><a href="duielvyou.htm"><span>对俄旅游</span></a></li>
                <li><a href="pinketianxia.htm"><span>拼客天下</span></a></li>
            </ul>
            <div class="share">
                <span class="xl"><a href="#n">微 博</a></span><span class="hlwds"><a href="#n">互联网电视</a></span><span class="sjb"><a href="#n">手 机 报</a></span><span class="sjkhd"><a href="#n">手机客户端</a></span><span class="rx"><a href="#n">114旅游热线</a></span><span class="rx12580"><a href="#n">12580</a></span></div>
            <div class="search">
                <form>
                    <label for="xl">线路</label><input type="text" class="txtIpt" id="xl" /><input type="submit" value="搜 索" class="sbmtBtn" /></form>
            </div>
        </div>
        <div class="subNav btmMargin">
            <a href="#n">首页</a> &gt; <a href="#n">旅游指南</a> &gt; <a href="#n">搜索景点</a> &gt; 冰雪大世界
        </div>
        <div class="clearfix">
            <div class="areaL">
                <div class="jqDetails clearfix btmMargin">
                    <div id="JqVideo" >
                        <div id="vd"></div>
                    </div>
```

```html
<script type="text/javascript">
    jwplayer('vd').setup({
        flashplayer:'images/player.swf',
        file:"http://vkpws.video.qq.com/flv/47/189/7EJ4HYU2V3r.flv",
        controlbar:'bottom',
        stretching:'fill',
        image:'images/demo18.jpg',
        width:350,
        height:230
    });
</script>
<strong>冰雪大世界</strong>
<p class="intro">
    哈尔滨冰雪大世界始创于1999年，是由哈尔滨市政府为迎接千年庆典神州世纪游活动，充分发挥哈尔滨的冰雪时空优势，进一步运用大手笔，架构大格局，而隆重推出规模空前的，是由哈尔滨市政府为迎接千年庆典神州世纪游活动。<a href="#n">[阅读全文]</a>
</p>
<span class="jdtype">景点类型：雪原 滑雪</span>
<span class="mp">门票信息：成人80元、儿童40元。<a href="#n">[购买门票]</a></span>
<span class="kfsj">开放时间：9:00-16:00</span>
<span class="jddz">景点地址：亚布力</span>
</div>
<div class="jqPics clearfix btmMargin">
    <span class="leftBtn noLeft">向左</span>
    <div class="picsScroll">
        <ul class="pic">
            <li><img src="images/demo3.gif" /></li>
            <li><img src="images/demo3.gif" /></li>
            <li><img src="images/demo3.gif" /></li>
            <li><img src="images/demo3.gif" /></li>
            <li><img src="images/demo3.gif" /></li>
            <li><img src="images/demo3.gif" /></li>
            <li><img src="images/demo3.gif" /></li>
            <li><img src="images/demo3.gif" /></li>
            <li><img src="images/demo3.gif" /></li>
            <li><img src="images/demo3.gif" /></li>
        </ul>
    </div>
    <span class="rightBtn">向右</span>
</div>
<div class="glC btmMargin">
    <ul class="glTabs">
        <li class="selected" id="dibiao">地标<em></em></li><li>住宿<em></em></li><li>美食<em></em></li>
    </ul>
    <div class="glContent">
        地标
    </div>
    <div class="glContent">
```

```html
                        <ul>
                            <li class="clearfix">
                                <a href="#n" class="imgA"><img src="images/demo12.gif" /></a>
                                <strong><a href="#n">XL 快捷宾馆 </a></strong>
                                <p>
                                    地址：哈尔滨道里区哈药路 ** 号
                                    <br /> 电话：0451-********
                                </p>
                                 <span class="price"> ￥<span>238</span> 元 </span>
                            </li>
                            <li class="clearfix">
                                <a href="#n" class="imgA"><img src="images/demo12.gif" /></a>
                                <strong><a href="#n">XL 快捷宾馆 </a></strong>
                                <p>
                                    地址：哈尔滨道里区哈药路 ** 号
                                    <br /> 电话：0451-********
                                </p>
                                 <span class="price"> ￥<span>238</span> 元 </span>
                            </li>
                            <li class="clearfix">
                                <a href="#n" class="imgA"><img src="images/demo12.gif" /></a>
                                <strong><a href="#n">XL 快捷宾馆 </a></strong>
                                <p>
                                    地址：哈尔滨道里区哈药路 ** 号
                                    <br /> 电话：0451-********
                                </p>
                                 <span class="price"> ￥<span>238</span> 元 </span>
                            </li>
                        </ul>
                    </div>
                    <div class="glContent" style="display:none;">
                        <ul>
                            <li class="clearfix">
                                <a href="#n" class="imgA"><img src="images/demo.png" /></a>
                                <strong><a href="#n">[ 羊肉卷 ]</a> - 火锅类 </strong>
                                <p>
                                    地址：哈尔滨道里区哈药路 ** 号
                                    <br /> 电话：0451-********
                                </p>
                                <span class="price">￥<span>238</span>/ 每人（元） </span>
                            </li>
                            <li class="clearfix">
```

```html
                        <a href="#n" class="imgA"><img src="images/demo.png" /></a>
                        <strong><a href="#n">[ 羊肉卷 ]</a> - 火锅类 </strong>
                        <p>
                            地址：哈尔滨道里区哈药路 ** 号
                            <br /> 电话：0451-********
                        </p>
                        <span class="price"> ￥<span>238</span>/ 每人 ( 元 ) </span>
                    </li>
                    <li class="clearfix">
                        <a href="#n" class="imgA"><img src="images/demo.png" /></a>
                        <strong><a href="#n">[ 羊肉卷 ]</a> - 火锅类 </strong>
                        <p>
                            地址：哈尔滨道里区哈药路 ** 号
                            <br /> 电话：0451-********
                        </p>
                        <span class="price"> ￥<span>238</span>/ 每人 ( 元 ) </span>
                    </li>
                </ul>
            </div>
        </div>
        <div class="xglx btmMargin">
            <h3 id="xianlu"><span> 相关路线 </span></h3>
            <ul>
                <li>
                    <a href="#n" class="xl"> 冰雪大世界 3 日旅游 </a>
                    <a href="#n" class="lxs"> 哈尔滨旅游社 </a>
                    <span class="price"> ￥<span>238</span> 元 </span>
                    <span class="pls"> 热度 (120)</span>
                </li>
                <li>
                    <a href="#n" class="xl"> 冰雪大世界 3 日旅游 </a>
                    <a href="#n" class="lxs"> 哈尔滨旅游社 </a>
                    <span class="price"> ￥<span>238</span> 元 </span>
                    <span class="pls"> 热度 (120)</span>
                </li>
            </ul>
            <a href="#n" class="more"> 更多 ...</a>
        </div>
        <div class="xglx xgmp">
            <h3><span> 相关门票 </span></h3>
            <ul>
                <li>
                    <a href="#n" class="xl"> 冰雪大世界 3 日旅游 </a>
                    <span class="price"> ￥<span>238</span> 元 </span>
                </li>
```

```html
            <li>
                <a href="#n" class="xl">冰雪大世界3日旅游</a>
                <span class="price">￥<span>238</span>元</span>
            </li>
        </ul>
    </div>
</div>
<script type="text/javascript">
    setScroll(".pic",".leftBtn",".rightBtn",13,5,1);
    setTab(".glTabs",".glContent","selected");
</script>
<div class="areaR">
    <div class="curW btmMargin">
        <h3><span>您浏览过的景点</span></h3>
        <ul>
            <li><a href="#n">哈尔滨冰雪大世界</a></li>
            <li><a href="#n">太阳岛风景区</a></li>
            <li><a href="#n">中央大街步行街</a></li>
            <li><a href="#n">圣索菲亚大教堂</a></li>
            <li><a href="#n">伏尔加庄园</a></li>
        </ul>
    </div>
    <div class="curW btmMargin">
        <h3><span>其他人还看了</span></h3>
        <ul>
            <li><a href="#n">中华巴洛克风情街区</a></li>
            <li><a href="#n">哈尔滨极地馆</a></li>
            <li><a href="#n">龙塔</a></li>
            <li><a href="#n">俄罗斯风情小镇</a></li>
            <li><a href="#n">雪乡</a></li>
        </ul>
    </div>
    <div class="jm">
        <h3><span>加盟旅行社</span></h3>
        <ul>
            <li class="clearfix"><img src="images/demo2.gif" alt="FH旅行社" /><a href="#n">哈尔滨KH旅行社</a><span class="star"></span></li>
            <li class="clearfix"><img src="images/demo2.gif" alt="FH旅行社" /><a href="#n">哈尔滨KH旅行社</a><span class="star"></span></li>
            <li class="clearfix"><img src="images/demo2.gif" alt="FH旅行社" /><a href="#n">哈尔滨KH旅行社</a><span class="star"></span></li>
            <li class="clearfix"><img src="images/demo2.gif" alt="FH旅行社" /><a href="#n">哈尔滨KH旅行社</a><span class="star"></span></li>
            <li class="clearfix"><img src="images/demo2.gif" alt="FH旅行社" /><a href="#n">哈尔滨KH旅行社</a><span class="star"></span></li>
            <li class="clearfix"><img src="images/demo2.gif" alt="FH旅行社" /><a href="#n">哈尔滨KH旅行社</a><span class="star"></span></li>
            <li class="clearfix"><img src="images/demo2.gif" alt="FH旅行社" /><a href="#n">哈尔滨KH旅行社</a><span class="star"></span></li>
        </ul>
        <a href="#n" class="more">更多...</a>
```

```html
                </div>
            </div>
        </div>

        <div id="Footer">
            <p>
                网络文化经营许可证：文网文****号 | 增值电信业务经营许可证：黑******
| 信息网络传播视听节目许可证：*******号
            </p>
            <p class="about">
                <a href="#n">关于旅游通</a><a href="#n">免责声明</a><a href="#n">联系旅游通</a><a href="#n">留言建议</a><a href="#n">加入收藏夹</a></p>
            </div>
        </div>
    </body>
</html>
```

【项目总结】

通过完成本项目的开发，让学生掌握项目开发的工作流程，同时在开发过程中培养学生的职业素养、能力要求和操作规范，旨在把学生培养成为一名高素质高技能的前端开发人才。

【问题探索】

一、理论题

1. 简述前端开发工程师职业素养。
2. 简述项目开发的工作流程。
3. 如何完成项目的需求分析？

二、实操题

1. 自定义网站主题，完成首页导航栏的设计。
2. 自定义网站主题，完成首页轮播图特效的设计。
3. 自定义网站主题，完成首页主体内容设计。

【拓展训练】

按照企业开发流程，自定义网站主题，完成网站的前端设计，对网站进行测试，完成企业标准开发文档的撰写。

参 考 文 献

[1] 李玉臣，臧金梅.JavaScript前端开发程序设计项目式教程(微课版)[M].2版.北京：人民邮电出版社，2022.

[2] 卢淑萍.JavaScript与jQuery实战教程[M].2版.北京：清华大学出版社，2022.

[3] 夏帮贵，刘凡馨.JavaScript+jQuery前端开发基础教程(微课版)[M].北京：人民邮电出版社，2022.

[4] 黑马程序员.JavaScript+jQuery交互式Web前端开发[M].北京：人民邮电出版社，2020.

[5] 邵山欢.JavaScript实战教程[M].北京：高等教育出版社，2019.